物理量と単位 (つづき)

物理量	単位記号	読み方	単位間の関係
▶ 電磁気学			
電気量	C	クーロン	$1\,C=1\,A\cdot s$
誘電率	$C^2/(N\cdot m^2)$		
電場	N/C, V/m		$1\,N/C=1\,V/m$
電位	V	ボルト	$1\,V=1\,J/C$
分極	C/m^2		
電気感受率	$C^2/(N\cdot m^2)$		
電気容量	F	ファラド	$1\,F=1\,C/V$
膜容量	F/m^2		
電流	A	アンペア	(SI基本単位)
電気抵抗(抵抗)	Ω	オーム	$1\,\Omega=1\,V/A$
抵抗率	$\Omega\cdot m$		
電力量	J	ジュール	$1\,J=1\,N\cdot m$
電力	W	ワット	$1\,W=1\,V\cdot A=1\,J/s$
電力(1時間当たり)	Wh	ワット時	$1\,Wh=3.6\times10^3\,W$
磁気量	Wb	ウェーバ	$1\,Wb=1\,N\cdot m/A$
透磁率	$Wb^2/(N\cdot m^2)$, N/A^2		$1\,Wb^2/(N\cdot m^2)=1\,N/A^2$
磁気モーメント	$Wb\cdot m$		
磁場(磁界)	N/Wb, A/m		$1\,N/Wb=1\,A/m$
磁化	T	テスラ	$1\,T=1\,Wb/m^2$
磁化率	$Wb^2/(N\cdot m^2)$, N/A^2		$1\,Wb^2/(N\cdot m^2)=1\,N/A^2$
磁束密度	T	テスラ	$1\,T=1\,Wb/m^2$
磁束	Wb	ウェーバ	$1\,Wb=1\,T\cdot m^2$
▶ 量子論			
比電荷	C/kg		
エネルギー(電子ボルト)	eV	エレクトロンボルト	$1\,eV=1.60\times10^{-19}\,J$

基礎講義 物理学
アクティブラーニングにも対応

井上英史 監修
石飛昌光・高須昌子
宮川　毅・森河良太　著

東京化学同人

序

　本書は，大学でこれから生命科学などを学ぶ学生（初年次生）をおもな読者として想定した物理学の教科書である．つまり，物理学を必ずしも専門としない人たちの学びを意識して作成したものである．また，教員免許を対象とした教職課程教育における一般的包括的内容の物理学の教科書として使用できるよう，物理学の各領域を偏らずに学習できる構成となっている．生命科学系を含む幅広い領域で，物理学の基礎を学ぶ書として活用していただければ幸いである．

　物理学は，自然界で起こるあらゆる現象の根底にある原理を解き明かそうとする学問である．したがって，生命科学はもちろん，どの領域であっても，自然科学と向き合う学生が物理学の面白さの一端を感じとることはとても大切である．かつて生命は特別なものであり，自然界とは異なる原理がはたらいているであろうと考えられた時代があった．しかし，今私たちが理解していることは，生命現象も自然界の普遍的な物理の法則に従っているということである．もし，既知の物理学の原理では十分に説明できない生命現象に出会ったとしたら……それは，とてもエキサイティングだ！

　さまざまな物理の原理に基づいた新しい技術や方法は，私たちの生活を大きく変えてきたのと同じように，生命科学領域にも革命的な発展をもたらしてきた．たとえば光学顕微鏡，電子顕微鏡，X線結晶解析など光学的な方法の進歩は，それまで見えなかったものを見えるようにすることにより，生命科学を飛躍的に発展させた．力学と電磁気学の上に成り立っている質量分析法は，生体分子の同定などに欠かせない．また，生命現象のしくみを理解するには，熱力学や物理化学的原理による説明や裏づけが欠かせない．

　本書の前半は，高校時代まで物理学に対してあまり親和性の高くなかった学生になるべく親しみやすさを感じてもらえるように意識し，難易度をなるべく抑えた．力学を中心に，物理学的な考え方や数式を使うことに慣れてほしい．前半に比べて後半は難易度が少し高くなっているが，物理学がどのように進展してきたか，そして他の領域とどのように関わっているかに興味をもっていただければと思う．本書は，学生が予習に用いることを想定して，

講義動画も作成した．反転学習(講義動画による予習を前提とした授業)に利用していただければと思う．また，各章の演習問題には，アクティブラーニングに活用していただけるものもあることと思う．

　本書の執筆は，3名の物理学を専門とする大学教員と，1名の企業研究者の計4名により行われた．分担執筆しつつ，頻繁に編集会議を重ね，互いの原稿をチェックしながら進めた．また，監修者は，物理学とは専門が異なる領域からの視点で，編集会議と原稿のチェックに参加した．そして，文章の作成，図の作成を含め，全面的に東京化学同人の井野未央子氏，渡邉真央氏の多大な支援のもとに本書を作成することができた．

　本書が，多くの学生のこれからのさまざまな学びの礎となることを願っている．なお，内容のレベルを落とさず，なおかつわかりやすさを極力追求したつもりであるが，至らなかったところはすべて監修者の責任である．

2019年11月

井 上 英 史

本書付属の講義動画は東京化学同人ホームページ (http://www.tkd-pbl.com/) よりダウンロードできます．手法については巻末 p.227 をご覧ください．講義動画のダウンロードは購入者本人に限ります．

目 次

1. 運動の表し方と運動の法則 〔高須昌子〕

1・1 位置とベクトル ··· 1
　　　座標軸／ベクトルと座標／動径ベクトル／ベクトルの和と差／
　　　変化の表し方

1・2 速度・加速度の表し方 ··· 5
　　　速さと速度／平均の速度と瞬間の速度／加速度

1・3 力とそのはたらき ·· 9
　　　力の表し方／力の合成と分解／力の成分／力のつり合い／
　　　作用・反作用の法則

1・4 加速度と力の関係 ·· 13
　　　慣性の法則／運動の法則／ニュートンの運動の3法則

1・5 いろいろな力 ·· 14
　　　重力／張力／垂直抗力／摩擦力

演習問題 ··· 18

　数学　三角比と三角関数 ·········· 4　　ベクトルの微分 ············ 9
　　　　　傾きと微分 ····················· 7　　べき乗の計算 ············· 15

2. 重力による運動，空気・水中での運動 〔高須昌子〕

2・1 重力による運動 ··· 20
　　　初速度と加速度／水平方向の運動／鉛直方向の運動／軌跡

2・2 空気抵抗・圧力・浮力 ·· 28
　　　空気抵抗／圧力／浮力

演習問題 ··· 33

　数学　積分 ·· 26

3. 力学的エネルギーと運動量 〔高須昌子〕

3・1 仕事 ··· 35
　　　仕事／仕事率

3・2 運動エネルギーと位置エネルギー……………………………38
　　　運動エネルギー／保存力と位置エネルギー
3・3 運動量と力積……………………………………………………43
　　　運動量／力積／運動量保存則／反発係数
3・4 力のモーメントと角運動量……………………………………47
　　　力のモーメント／角運動量
演習問題………………………………………………………………51
数学 ベクトルの内積………………………………37
　　　運動エネルギーと仕事の関係を運動方程式から導く………42
　　　ベクトルの外積(ベクトル積)……………………………48

4. 円運動と単振動　〔石飛昌光〕

4・1 等速円運動……………………………………………………52
　　　円周上の質点の表し方／角速度と等速円運動／
　　　等速円運動の速度・加速度
4・2 慣性力…………………………………………………………57
　　　直線運動／等速円運動
4・3 単振動…………………………………………………………61
　　　等速円運動と単振動／単振動を表す物理量／ばね振り子
演習問題………………………………………………………………67
数学 三角関数………………63　　単振動の運動方程式………64

5. 波の性質　〔石飛昌光〕

5・1 波とは…………………………………………………………68
　　　波／波と媒質／正弦波
5・2 ホイヘンスの原理……………………………………………73
　　　空間を広がって進む波／回折／ホイヘンスの原理／
　　　重ね合わせの原理／定常波
5・3 反射・屈折……………………………………………………78
　　　媒質と波の性質／界面での波の伝播／反射／屈折
演習問題………………………………………………………………83

6. 音と光の性質　〔石飛昌光〕

- 6・1　縦波と横波 ……………………………………………… 85
  - 波の伝播と振動方向／縦波の表し方／音の性質
- 6・2　光の性質 …………………………………………………… 88
  - 横波としての光／偏光
- 6・3　光の干渉 ………………………………………………… 92
  - 屈折率／干渉／回折格子／薄膜での干渉
- 6・4　レンズ …………………………………………………… 97
  - 球面レンズ／凸レンズ／凹レンズ
- 演習問題 ………………………………………………………… 99

7. 熱とエネルギー　〔宮川　毅〕

- 7・1　熱と温度 ………………………………………………… 100
- 7・2　エネルギーの変換による資源の利用 …………………… 103
  - 熱と仕事の関係／いろいろなエネルギー／
    エネルギーの変換と保存／エネルギー資源／
    エネルギーの有効利用
- 演習問題 ………………………………………………………… 110

8. 気体分子の運動　〔宮川　毅〕

- 8・1　気体分子の運動と法則 …………………………………… 111
  - 気体分子の速さと圧力／ボイル・シャルルの法則／
    理想気体の状態方程式／分子運動と圧力
- 8・2　気体の内部エネルギー …………………………………… 118
  - 平均の運動エネルギー／
    単原子分子と二原子分子の運動エネルギー／
    単原子理想気体の内部エネルギー／
- 8・3　気体の状態変化 …………………………………………… 122
  - 熱力学第一法則／気体の状態変化／気体のモル比熱／
    不可逆過程／熱機関と熱効率
- 演習問題 ………………………………………………………… 131

9. 電荷と電場 〔森河良太〕

9・1 電荷と電気力 …………………………………………… 131
　　　電荷の起源／電荷とクーロンの法則／電場と電気力線／
　　　電場の重ね合わせ
9・2 ガウスの法則と電位 ……………………………………… 135
　　　電気力線の密度とガウスの法則／
　　　静電気力による位置エネルギーと電位
9・3 誘電体とコンデンサー …………………………………… 140
　　　導体と誘電体／コンデンサー／
　　　細胞における膜電位とコンデンサー
演習問題 ………………………………………………………… 145
　数学　面積分 …………………………………………… 136

10. 電流と電気回路 〔森河良太〕

10・1 電流と電気エネルギー ………………………………… 146
　　　電流とオームの法則／電気エネルギーとジュール熱
10・2 直流回路 ………………………………………………… 150
　　　抵抗の電圧降下と直流電源の起電力／
　　　抵抗の直列接続・並列接続／キルヒホッフの法則
10・3 直流回路とコンデンサー ……………………………… 154
　　　コンデンサーの直流回路への接続／
　　　コンデンサーの直列接続・並列接続／RC回路／
　　　神経伝達における膜電位の等価回路モデル
演習問題 ………………………………………………………… 162

11. 磁場と電流 〔森河良太〕

11・1 磁石と磁場 ……………………………………………… 163
　　　磁力と磁気量，磁気モーメント／磁場／
　　　磁場中の磁気双極子にかかる力のモーメント／磁化と磁性体
11・2 磁場と電流 ……………………………………………… 168
　　　電流により生じる磁場／ビオ・サバールの法則／
　　　電流が磁場から受ける力と磁束密度／ローレンツ力

11・3 電磁誘導と電磁波 ………………………………………… 176
　　　磁束と磁束線／電磁誘導の法則／誘導電場と渦電流／
　　　誘導磁場と電磁波の発生
演習問題 ……………………………………………………………… 180
数学　周回積分 ……………………………………………… 173

12. 電子と光と原子〔宮川　毅〕

12・1 電　子 …………………………………………………………… 181
　　　放電と陰極線／電子の質量
12・2 電子や光の粒子性と波動性 ………………………………… 184
　　　電子や光の粒子性／X線の粒子性と波動性の応用／
　　　電子の波動性の応用
12・3 原子の構造 …………………………………………………… 190
　　　原子の構造の解明／水素型原子と波動関数／原子軌道／
　　　多電子原子の電子配置
12・4 量子力学から分光学へ ……………………………………… 195
　　　原子のスペクトル／蛍光とりん光
演習問題 ……………………………………………………………… 197

13. 生命科学と物理学

13・1 ゲル沪過クロマトグラフィーで分子を分ける …………〔高須昌子〕… 198
13・2 質量分析 ……………………………………………………〔石飛昌光〕… 200
13・3 光ピンセットの原理と応用 ………………………………〔森河良太〕… 202
　　　光ピンセットの原理／光ピンセットと生物物理学
13・4 蛍光によるバイオイメージング …………………………〔宮川　毅〕… 205

復習問題・演習問題の解答 ………………………………………………… 207
索　引 ……………………………………………………………………… 221

1 運動の表し方と運動の法則

  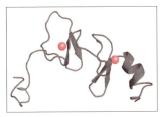

　生物は，地球の重力がはたらく環境で進化してきた．宇宙のどこかに生物が存在しているとすれば，その生物は地球とは異なる重力に適合して生息していることだろう．また，宇宙では星と星の間にも力がはたらいている．同じように，私たちの体内にあるタンパク質や水などのあらゆる分子も，周囲の分子との間に力がはたらいている．このように宇宙の天体から体内の小さい分子まで，物質同士には力がはたらいている．力は物質の運動に変化をもたらす．本章では力と運動の関係を学んでいこう．

1. 速度と加速度を説明できる．
2. 力の性質や，いろいろな力について説明できる．
3. 運動方程式を説明できる．

1・1　位置とベクトル

　本節では，物体の位置の表し方やベクトルの性質について学ぼう．

1・1・1　座標軸

　物体の位置を表すためには，まず原点 O と座標軸を決める必要がある．直線上を運動する場合は，1次元の座標軸（図 1・1a），平面上の運動の場合は，直交する

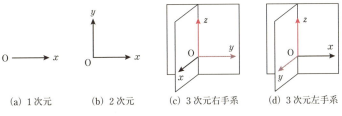

図 1・1　座標軸のとり方

x 軸と y 軸をとる（図 1・1b）．

次に空間の中の3次元の座標軸を考えてみよう．物理学では z 軸を上向きにとることが多い．x 軸と y 軸のとり方には 2 通りあり，(c) を右手系，(d) を左手系とよぶ．右手系と左手系は重ね合わせることができない．物理学では (c) の右手系を使うことが普通であるので，本書でも右手系を用いる（右手系については第 4 章のコラムも参照）．

右手系は，図 1・1(b) のような 2 次元 x-y 平面に対して紙面の垂直上向きに z 軸をとると覚えるとよい．右手系を野球にたとえると，原点をホームベース，ホームベースから 1 塁を x 軸，ホームベースから 3 塁を y 軸としたときに，地面から空に向かう向きに z 軸をとる（図 1・2）．

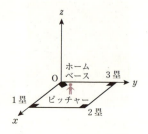

図 1・2　右手系の座標軸

1・1・2　ベクトルと座標

物理学では，速度，加速度，力，電場，磁場などあらゆる場面でベクトルが必要となる．ここでは，高校で学んだベクトルの一般的性質を復習しよう．

ベクトルは大きさと向きをもつ量であり，図 1・3(a) のように"大きさに応じた長さの矢印"で表す．また，$\boldsymbol{a}$ のように太字にするか，$\vec{a}$ のように文字の上に→をつけて表記する．本書では太字で表記する．ベクトルの始点を移動しても大きさと向きが同じならば，ベクトルとしては同じである．

2 次元の場合，図 1・3(b) のようにベクトルの始点を原点 $O(0,0)$ に置いたときの終点の座標 (a_x, a_y) を用いて次のように書く．

$$\boldsymbol{a} = (a_x, a_y) \tag{1・1}$$

これをベクトルの**成分表示**とよび，a_x を $\boldsymbol{a}$ の x 成分，a_y を y 成分とよぶ．

ベクトルの大きさ a は $|\boldsymbol{a}|$ と表し，2 次元ベクトル（図 1・3b）の場合，三平方の

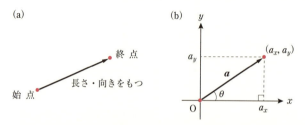

図 1・3　(a) ベクトルの表し方，(b) ベクトルの成分表示

定理より
$$a = |\boldsymbol{a}| = \sqrt{a_x^2 + a_y^2} \qquad (1\cdot 2)$$
となる．また $\boldsymbol{a}$ が x 軸となす角を θ とすると
$$a_x = a\cos\theta \qquad a_y = a\sin\theta \qquad (1\cdot 3)$$
であるため，$\boldsymbol{a}$ を次のように書ける．
$$\boldsymbol{a} = (a\cos\theta, a\sin\theta) \qquad (1\cdot 4)$$
三角比については，数学コラム 1・1 を参照．

　ベクトルの表し方には，成分表示のほかに基本ベクトル表示がある．長さ 1 のベクトルを**単位ベクトル**とよび $\boldsymbol{e}$ で表す．図 1・4(a) のように，x 方向，y 方向の単位ベクトル $\boldsymbol{e}_x=(1,0)$，$\boldsymbol{e}_y=(0,1)$ を，x-y 座標系の**基本ベクトル**とよぶ．

　2 次元平面上のベクトルは，$\boldsymbol{e}_x$，$\boldsymbol{e}_y$ を用いて次式のようになる．
$$\boldsymbol{a} = a_x\boldsymbol{e}_x + a_y\boldsymbol{e}_y \qquad (1\cdot 5)$$
これを**基本ベクトル表示**とよぶ（図 1・4b，ベクトルの和は §1・1・4 参照）．

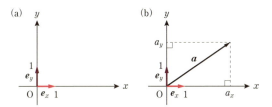

図 1・4　基本ベクトル表示

　大きさのみをもち，向きをもたない量を**スカラー**という．たとえば質量や温度はスカラーである．

1・1・3　動径ベクトル

　座標軸やベクトルを用いると，物体が空間のどこにあるかを示すことができる．ここで，物体は大きさが無視できるほど小さい**質点**であるとする．

　図 1・5 のように，基準になる点を原点 O として，O から質点の位置 P までのベクトルを**動径ベクトル**（または**位置ベクトル**）とよび，$\boldsymbol{r}$ で表す．2 次元の場合，点 P の座標を使って
$$\boldsymbol{r} = (x, y) \qquad (1\cdot 6)$$
と書ける．同様に 3 次元の動径ベクトルは $\boldsymbol{r}=(x,y,z)$ と表される．

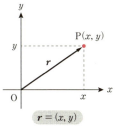

図 1・5　動径ベクトル

> **数 学**　**1・1　三角比と三角関数**

物理学では三角比や三角関数がよく使われる．図1・6に示す角度 θ をもつ直角三角形の三角比 $\sin\theta$, $\cos\theta$, $\tan\theta$ は以下のようになる．

$$\sin\theta = \frac{\text{高さ}}{\text{斜辺}} \quad \cos\theta = \frac{\text{底辺}}{\text{斜辺}} \quad \tan\theta = \frac{\sin\theta}{\cos\theta} = \frac{\text{高さ}}{\text{底辺}}$$

三角比の θ の範囲を拡張すると，三角関数を定義できる（数学コラム4・1を参照）．

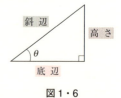

図1・6

1・1・4　ベクトルの和と差

■ **ベクトルの和**　　二つのベクトル a と b の和 $a+b$ は，図1・7(a)のように，a の終点が b の始点となるように作図できる．このとき b の終点が $a+b$ の終点となる．あるいは図1・7(b)のように，a と b を2辺とする平行四辺形の対角線として $a+b$ を作図できる．

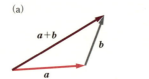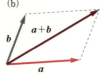

図1・7　ベクトルの和

二つのベクトルの和を成分で表してみよう．ベクトル (a_x, a_y) とベクトル (b_x, b_y) の和は，それぞれの成分を足し合わせると (a_x+b_x, a_y+b_y) となる．

■ **ベクトルの差**　　あるベクトル b に対して，向きが逆で大きさが等しいベクトルを**逆ベクトル**といい $-b$ と表す（図1・8a）．

二つのベクトル a と b の差 $a-b$ は，二つのベクトル a と $-b$ の和，$a+(-b)$ として定義できる．このベクトルは a の終点にベクトル $-b$ の始点を置くことによって作図できる（図1・8b）．また，a と b の始点を同じ場所に平行移動したとき

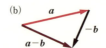

図1・8　(a) 逆ベクトル，(b, c) ベクトルの差

に，**b** の終点から **a** の終点への矢印と向きと大きさが同じである（図 1・8c）．つまり，図(b)(c)いずれの方法でも差 **a**−**b** を作図できる．

1・1・5 変化の表し方

一般に，変化は"変化後から変化前を引いた差"で表される．スカラーとベクトルの場合をそれぞれ考えてみよう．

まず，スカラーについて考えよう．たとえば朝は財布に 3000 円入っていて，夜に 1000 円になっていたとしたら，変化は 1000 円−3000 円＝−2000 円であり，"2000 円減った"といえる．物理学では，変化をギリシャ文字 Δ（デルタ）で示すことが多い．図 1・9(a)のようにある量 A が A' になったとき，変化 $A'-A$ を ΔA と表す．Δ は英語の d に相当し，ΔA は difference of A（A の変化量）を表している．財布に入っている金額を A とすれば，前述の例では $\Delta A = -2000$ 円である．

ベクトルでも同様に，変化後のベクトルから変化前のベクトルを引いたものをベクトルの変化とする．**x** が **x**′ に変化したとき，$\Delta \boldsymbol{x} = \boldsymbol{x}' - \boldsymbol{x}$ は図 1・9(b)のように作図できる．

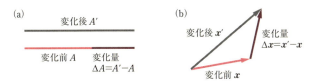

図 1・9 変化の表し方 (a) スカラー，(b) ベクトル

> **まとめ 1・1**
> - 物理学では位置を動径ベクトルまたは座標で表す．
> - 変化は"変化後−変化前"で表す．

1・2 速度・加速度の表し方

本節では，物体の速度・加速度について学ぼう．

1・2・1 速さと速度

物体が運動するとき，移動した距離を経過した時間で割ったものを**速さ**という．移動距離を x，経過時間 t をとすれば，速さ v は次式で表される．

$$ 速さ = \frac{移動距離}{時間} \qquad v = \frac{x}{t} \qquad (1・7) $$

時間の単位に秒，〔s〕(s は second の意)，距離の単位に〔m〕(メートル)を使うと，速さの単位は〔m/s〕(メートル毎秒)になる．

同じ速さで走っても向きが違うと違う場所に到達する．そこで速さと向きをもつベクトルである**速度**(velocity より v で表す)を考える．速度を図示するには，速さに相当する長さの矢印を速度の向きに合わせ，動いている物体(質点)を始点(矢印の始まり)にする(図 1・10)．物体が移動すると始点の位置が変化するが，速さと向きが同じであれば，速度ベクトル自体は同じである．

図 1・10　速度ベクトル

例題 1・1　2 次元 x-y 平面上でウサギとカメが移動している．ウサギが $(3, 0)$〔m〕の地点を通過したとき，y 軸の正の向きに 0.1 m/s の速さで動いていた．同じときにカメは $(0, 2)$〔m〕の地点を x 軸方向の正の向きに 0.05 m/s の速さで動いていた．このときのウサギとカメの位置(点)と速度ベクトル(矢印)を x-y 平面上に示せ．

解　ウサギとカメの速さの比は 2 : 1 なので，矢印の長さも 2 : 1 になる．矢印の向きは，ウサギが上向き，カメが右向きになる(図 1・11)．

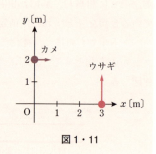

図 1・11

1・2・2　平均の速度と瞬間の速度

x 軸上を運動している物体の時刻 t_1 での位置を x_1，t_2 での位置を x_2 とする．物体の位置の変化 (x_2-x_1) を**変位**とよび，$\Delta x = x_2 - x_1$ と表す．変位 Δx を所要時間 $\Delta t = t_2 - t_1$ で割ると，時刻 t_1 と t_2 の間の**平均の速度**

$$\bar{v} = \frac{x_2 - x_1}{t_2 - t_1} = \frac{\Delta x}{\Delta t} \tag{1・8}$$

が得られる．ここで t_2 と t_1 を近づけて Δt を小さくしていくと，徐々に一定の値に近づく．この値を**瞬間の速度**という．これは関数 $x(t)$ の点 (t_1, x_1) における接線の傾きになっていて，**微分** dx/dt で表せる(数学コラム 1・2)．

2 次元や 3 次元の場合は，§1・1・3 で述べた動径ベクトル $\boldsymbol{r}$ の微分として，次のように書ける(ベクトルの微分の定義は数学コラム 1・3参照)．

$$\boldsymbol{v} = \frac{d\boldsymbol{r}}{dt} \tag{1・9}$$

数学 1・2 傾きと微分

ここでは，直線と曲線の傾きについて確認しよう．

■ **直線の傾き**　平面座標における直線の傾きは，図1・12のようにx方向の変化(Δx)に対して，y方向にどれだけ変化するか(Δy)の比として求める．

$$\text{直線の傾き} = \frac{\Delta y}{\Delta x} \tag{1}$$

この傾きは，直線上の異なる2点P, Qをどのように選んでも一定である．

■ **曲線の傾き**　関数$y=f(x)$で表される曲線の傾きは，一般には曲線上の位置によって異なる．図1・13のように点Pでの傾きを考えるには，点Pと異なる点Qをとり，点Pを固定したまま点Qをだんだん点Pに近づけていくと，直線PQの傾きが点Pでの接線の傾きに近づく．これが微分の図形的意味である．

$$\frac{df}{dx} = \lim_{\Delta x \to 0} \frac{\Delta y}{\Delta x} = \lim_{\Delta x \to 0} \frac{f(x+\Delta x) - f(x)}{\Delta x} \tag{2}$$

ここで，limはlimit(極限)の略であり，$\lim_{\Delta x \to 0}$はΔxをだんだん0に近づけることを意味する．さらにもう一度xで微分したものをd^2f/dx^2と表し，fの**2階微分**とよぶ．(1・8)式でΔtを0に近づけると，すなわちxをtで微分すると**速度**が得られる．さらにもう一度時間tで微分すると，**加速度**となる(§1・2・3)．

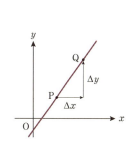

図1・12　直線の傾き

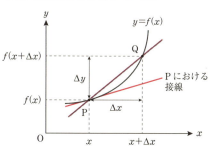

図1・13　点Pにおける曲線の傾き

1・2・3 加 速 度

加速や減速は日常的に使う言葉である．たとえば車のスピードを上げるときはアクセルを踏んで加速し，交差点で止まりたいときはブレーキを踏んで減速する．このような速度の変化の表し方を考えていこう．

まずはx軸上を運動する物体を考えてみよう．時刻t_1での速度をv_1，時刻t_2での速度をv_2とする．時刻t_1からt_2までの時間$\Delta t = t_2 - t_1$の速度の変化$\Delta v = v_2 - v_1$

を使って，この間の**平均の加速度**を表すと

$$\bar{a} = \frac{v_2 - v_1}{t_2 - t_1} = \frac{\Delta v}{\Delta t} \quad (1\cdot 10)$$

となる．ここで速度の場合と同様に Δt を小さくしていくと，**瞬間の加速度**に近づく．これを**微分** dv/dt で表すこともある．

加速度の単位は，速度の単位 m/s をさらに時間の単位 s で割った〔m/s^2〕（メートル毎秒毎秒）である．減速する場合は，速度の変化 Δv が負になるため，加速度も負（すなわち x 軸の負の向き）になる（図 1・14）．

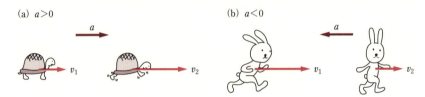

図 1・14　(a) 加速するカメ，(b) 減速するウサギ

例題 1・2　x 軸上を 10 m/s で走っていたウサギが，30 秒間で減速して静止した．平均の加速度を求めよ．
解　速度の変化は，0−10 m/s＝−10 m/s．よって加速度は −10 m/s÷30 s＝−0.33 m/s^2 となる．

復習 1・1　x 軸上を静止状態から加速したカメの速度が，20 秒後に 0.30 m/s になった．このときの平均の加速度を求めよ．

加速度をベクトルで表す（大きさと向きをもたせる）場合は，速度と同様に次式で定義される．

$$\boldsymbol{a} = \frac{d\boldsymbol{v}}{dt} \quad (1\cdot 11)$$

これはベクトルの微分の定義より，次のようになる．

$$\boldsymbol{a} = \frac{d\boldsymbol{v}}{dt} = \lim_{\Delta t \to 0} \frac{\boldsymbol{v}(t+\Delta t) - \boldsymbol{v}(t)}{\Delta t} \quad (1\cdot 12)$$

また平均の加速度のベクトルは以下のように表せる．

$$\bar{\boldsymbol{a}} = \frac{\boldsymbol{v}(t+\Delta t) - \boldsymbol{v}(t)}{\Delta t} \quad (1\cdot 13)$$

数学　1・3　ベクトルの微分

ベクトル A が変数 t の関数であるとする. $A(t)$ の t による微分は,数学コラム 1・2 の(2)式のスカラー関数の微分と同様の形で,次のように定義できる.

$$\frac{dA}{dt} = \lim_{\Delta t \to 0} \frac{\Delta A}{\Delta t} = \lim_{\Delta t \to 0} \frac{A(t+\Delta t) - A(t)}{\Delta t} \tag{1}$$

右辺の分子のベクトルの差 $A(t+\Delta t)-A(t)$ を図 1・15 に示す.速度ベクトル(大きさと向きをもつ)を微分したものが加速度ベクトルである.

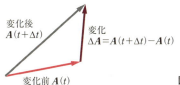

図 1・15　ベクトルの変化

速度の大きさの変化だけでなく方向の変化も加速度に関係している.たとえば図 1・16(a)のように速度の方向が変化した場合,加速度ベクトルは図 1・16(b)の 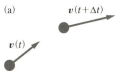 のように,$v(t+\Delta t)-v(t)$ の向きをもつベクトルになる.

さらに速度が動径ベクトルの微分であること($v=dr/dt$)を利用すると,(1・11)式の加速度は

$$a = \frac{d^2 r}{dt^2} \tag{1・14}$$

のように,動径ベクトルの 2 階微分で表すことができる.

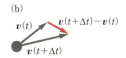

図 1・16　速度の方向の変化

> **まとめ 1・2**
> - 速度は変位の時間変化を表す.
> - 加速度は速度の時間変化を表す.

1・3　力とそのはたらき

"力"という言葉は日常生活のいろいろな場面で使われる.たとえば"あの人は英語力がある"というように能力を表す場合もある.物理学では物体を変形させたり,物体の速度を変えたりする原因となるものを力とよぶ.

自分の手の平を指で押すと,手の平が少しへこむ.このとき指は手の平に対して力を及ぼしているといえる.

1・3・1 力の表し方

図1・17のように物を押したとしよう．力は大きさと向きをもっている．力を物体に加える点を**作用点**とよぶ．力のベクトルを描くには，図1・17のように，力の大きさに比例した長さの矢印を力の向きに，作用点を始点として描く．力の大きさ，向き，作用点を合わせて**力の3要素**という．また作用点を通り，力の向きに引いた直線を**力の作用線**とよぶ．

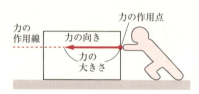

図1・17　力の3要素

作用点を変えて力を加えると，運動も変化する．たとえば図1・18(a)のように，消しゴムの中央を押したときと端を押したときで運動に違いはあるだろうか．中央を押すと消しゴムは回転せずに進み，端を押すと回転しながら進む(図1・18b)．

図1・18　作用点を変えたときの運動の違い
(a) 消しゴムを押す前，(b) 押した後

1・3・2 力の合成と分解

■ **力 の 合 成**　一つの物体に複数の力が同時にはたらくとき，複数の力をベクトルの和としてまとめると，一つの力とみなせる．この力を**合力**といい，合力を求めることを**力の合成**という．たとえば二つの力 F_1 と F_2 の合力 F は

$$F = F_1 + F_2 \qquad (1・15)$$

と書ける．このようなベクトルの和は，F_1, F_2 を2辺とする平行四辺形の対角線によって作図できる(§1・1・4)．

■ **力 の 分 解**　一つの力を，同じはたらきをする複数の力に分けることを**力の分解**という．分けられたそれぞれの力を**分力**という．どのような向きの力に分解するかによって，分解の方法は何通りもある．

例題 1・3 下図の F_1 と F_2 の合力 $F = F_1 + F_2$ を作図せよ．

解

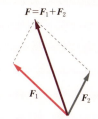

例題 1・4 下図の力を1と2の方向に分解せよ．

解

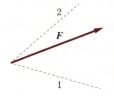
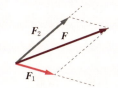

1・3・3 力 の 成 分

力を分解する方法は無数にあるが，特に垂直な二つの力に分解すると便利なことが多い．

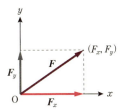

図 1・19 力の成分

図 1・19 のように，力 F を x 軸と y 軸の向きに分解したときの分力を F_x, F_y とすると

$$F = F_x + F_y \tag{1・16}$$

となる．F_x, F_y の大きさに向きを表す正負の符号をつけた値 F_x, F_y を F の成分という．力 F は，$F_x = (F_x, 0)$ および $F_y = (0, F_y)$ より

$$F = (F_x, F_y) \tag{1・17}$$

となる．

1・3・4 力のつり合い

一つの物体に同時に複数の力がはたらいているとき，それらの合力が0であるなら，これらの**力はつり合っている**という．たとえば図1・20は力がつり合っている状態である．力 F_1, F_2, … がつり合っているなら，次の関係が成り立つ．

$$F_1 + F_2 + \cdots = 0 \tag{1・18}$$

図1・20　力のつり合い　(a) ペンを左右に引張ってペンが静止にしている場合．(b) このときの力のつり合い．ここでは水平方向の力のみ考えている．

1・3・5　作用・反作用の法則

ある物体に力を及ぼすと，その物体から反対向きの力を受ける．たとえば図1・21のようにみかんを指で押したとき，みかんが指から力を受けると同時に指はみかんから力を受ける．

図1・21　作用・反作用　みかんを指で押すと(a)，みかんは指から力を受け(b)，指はみかんから力を受ける(c)．

一般に物体Aが物体Bに力をはたらかせると，物体Bから物体Aに同じ作用線上で大きさが等しく反対向きの力がはたらく．これを**作用・反作用の法則**という．

前項で述べた力のつり合いは，一つの物体にはたらく複数の力を考えるのに対して，作用・反作用は互いに力を及ぼす二つの物体について考えていることに注意しよう．

> **まとめ 1・3**
> - 力の大きさ，向き，作用点を合わせて力の3要素とよぶ．
> - 合力が0のとき，力はつり合っている．
> - 力には作用・反作用の法則が成り立つ．

1・4 加速度と力の関係

本節では，運動における加速度と力の間にどのような関係があるかを学ぼう．

1・4・1 慣性の法則

摩擦の小さい滑らかなテーブルの上でビー玉を転がすと，なかなか止まらず転がり続ける．一方，転がっている物体の速度を変えたり，静止している物体を動かすためには，力が必要である．このように，物体は静止の場合を含めてその速度を保とうとする．この性質を**慣性**といい，**慣性の法則**として以下に示すように確立されている．

慣性の法則：物体に対して力がはたらかないときは，静止している物体は静止し続け，運動している物体は等速直線運動をし続ける．

1・4・2 運動の法則

前項では，物体に力がはたらかないときは，慣性の法則により速度が変わらないことを説明した．力がはたらくことで，運動はどのように変わるだろうか．

力の大きさを変えて物体を動かすと，力に応じた加速度が生じる．また，いろいろな質量の物体を一定の力で動かすと，質量が小さいほど大きな加速度が生じる．この性質は，次のような法則にまとめられている．

運動の法則：物体に力がはたらくとき，物体に力と同じ向きに加速度が生じる．加速度 a の大きさは，はたらいた力 F の大きさに比例し，物体の質量 m に反比例する．

式で書くと

$$a = k\frac{F}{m} \quad (k \text{ は比例定数}) \tag{1・19}$$

となる．力の単位である〔N〕(ニュートン)は，加速度を m/s^2，質量の単位を kg としたとき，比例定数 k の値が 1 になるように定められている．つまり，1 N とは質量 1 kg の物体にはたらいて，1 m/s^2 の加速度を生じさせる力の大きさである．

$$\text{N} = \text{kg·m/s}^2 \tag{1・20}$$

ここで用いた kg, m, s の三つの単位は **SI 基本単位** の一部をなす．力学分野でおもに用いる単位はこの三つの基本単位を使って表せる．

これらの単位を用いれば，(1・19)式を変形して

$$ma = F \tag{1・21}$$

となる．この式を**ニュートンの運動方程式**という．力 F と加速度 a はベクトルで同じ向きであり，質量 m はスカラーである（図 1・22）．$a = \mathrm{d}^2 r/\mathrm{d}t^2$ を用いると，次式となる．

$$m\frac{\mathrm{d}^2 r}{\mathrm{d}t^2} = F \qquad (1 \cdot 22)$$

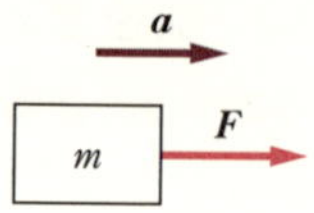

図 1・22 力と加速度

1・4・3 ニュートンの運動の3法則

これまでに述べた慣性の法則，運動の法則，作用・反作用の法則は，まとめて**ニュートンの運動の3法則**とよばれている．

運動の第一法則：慣性の法則
運動の第二法則：運動の法則
運動の第三法則：作用・反作用の法則

まとめ 1・4
- 物体に力がはたらかないときは，慣性の法則が成立している．
- ニュートンの運動の法則により，物体の質量 m，加速度 a，力 F の間には，$ma = F$ が成立する．

1・5 いろいろな力

本節では，人間にとって重要ないくつかの力について学ぼう．

1・5・1 重　力

地球上の物体には，地球の中心に向かう力がはたらいている．この力を**重力**という．重力の大きさは物体の質量に比例している．地上で物体が重力だけを受けているときに加速度を測定すると，約 $9.8 \, \mathrm{m/s^2}$ になる．これを**重力加速度**といい，大きさは g (gravity，重力の意)と表す．質量 m の物体にはたらく重力の大きさ W (weight の頭文字)は次式のようになる．

$$W = mg \qquad (1 \cdot 23)$$

重力を図示するとき，実際には物体の各部分が地球から引かれているが，図 1・23 のように重心を作用点として合力の矢印を書く．

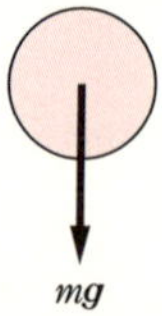

重力の起源は，質量をもつ物体の間にはたらく**万有引力**である．質量 M と m の二つの物体が距離 r の位置にあるとす

図 1・23 重　力

ると，この二つの物体が引き合う万有引力の大きさ F は次のように表される．

$$F = G\frac{Mm}{r^2} \qquad (1\cdot24)$$

ここで G は万有引力定数であり，$G=6.67\times10^{-11}\,\mathrm{N\cdot m^2/kg^2}$ である（10^{-11} などべき乗の表し方は，数学コラム 1・4 参照）．

数学　1・4　べき乗の計算

ここでは，物理学で頻出する"べき乗"の計算と，べき乗をもとにした単位の接頭辞について説明する．

n が自然数，$a\neq0$ のとき，a^n は a を n 回掛けることを意味する．たとえば $a^3=a\times a\times a$ である．また

$$a^{-n} = \frac{1}{a^n}$$

が成立し，$a^{-2}=\frac{1}{a^2}=\frac{1}{a\times a}$ である．

m と l が整数のとき

$$a^m \times a^l = a^{m+l}$$
$$a^m \div a^l = a^{m-l}$$

が成立する．特に，$\frac{1}{a^{-m}}=a^m$ であることに注意．また，$a^0=1$ であることは，$a^{m-m}=a^m\div a^m=1$ になることからもわかるだろう．

よく使われる 10 のべき乗を考えてみよう．たとえば $a=10$ の場合

$$10^3 = 10\times10\times10 = 1000$$

であり，0 が 3 個並ぶ．また

$$10^{-3} = \frac{1}{10\times10\times10} = 0.001$$

であり，小数第 3 位に 1 がくる．

数値の桁数が多いときにはべき乗で表すと便利だ．

$$1000000000000 = 10^{12}$$

また，べき乗の乗数が多くて取扱いにくいときは，単位に接頭辞をつけて表すことが多い．たとえば 1000 g や 0.001 g は 10^3 g，10^{-3} g と表すこともできるが，1 kg，1 mg というように単位（g）の前に接頭辞をつけて表せる．おもな接頭辞を表 1・1 にまとめた．

表 1・1　単位のおもな接頭辞

接頭辞	読み方	値
f	フェムト	10^{-15}
p	ピコ	10^{-12}
n	ナノ	10^{-9}
μ	マイクロ	10^{-6}
m	ミリ	10^{-3}
k	キロ	10^3
M	メガ	10^6
G	ギガ	10^9
T	テラ	10^{12}

地球の重力は地球が物体に及ぼす力であり，物体が地球から離れると小さくなる．宇宙空間では重力がきわめて小さくなる．宇宙飛行士が宇宙船内で浮いているように感じるのは，重力が小さいからである．

例題 1・5 質量 0.40 kg の鳥が地表近くを飛んでいるとき，鳥にはたらく重力の大きさを求めよ．重力加速度は 9.8 m/s² とする．
　　解　(1・23)式より，0.40 kg×9.8 m/s²＝3.9 N．

1・5・2 張　力

図 1・24 のように物体に糸をつけてつるし，静止させる．このとき糸が引く力と重力がつり合っている．糸が物体を引く力を糸の**張力**といい，T で示す．つり合いは次式のように表せる．

$$mg - T = 0 \tag{1・25}$$

図 1・24　張　力

例題 1・6 1本のクモの糸を糸の長さ方向に引張った．張力をだんだん大きくしたところ，0.020 N で糸が切れた．この糸で支えることのできる質量の上限はどれだけか．
　　解　$mg-T=0$(1・25式)より $m=T/g=0.020\,\text{N}/(9.8\,\text{m/s}^2)=2.0\times10^{-3}$ kg または 2.0 g．

1・5・3 垂直抗力

机の上に置かれた物体が静止しているとき，物体にはたらいている力を考えてみよう．物体には重力が下向きにはたらいているので，下に落ちないためには重力と同じ大きさの逆向きの力がはたらく必要がある．これは机の面が物体に対して，面と垂直な方向に及ぼす力であるので，**垂直抗力**とよぶ．normal(垂直な)の頭文字

N と書くことが慣例である．垂直抗力は実際には図 1・25(a) のように面全体から力を受けているが，図 (b) のように 1 個の矢印を面の中央に書くことが多い．

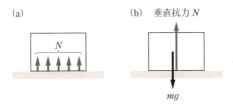

図 1・25　垂直抗力

1・5・4　摩擦力

摩擦力は実は私たちの生活を支えている．摩擦力がなければ歩くことも物をつかむこともできない．摩擦は面の材質によって異なる．たとえば靴の裏側は，適度な摩擦を与えるように，表面の形状と材質が考えられている(図 1・26a)．また，同じ靴を履いても，雨の日は晴れた日に比べて滑りやすい．

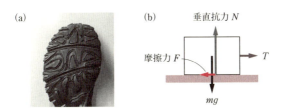

図 1・26　摩擦力　(a) ランニングシューズの裏．(b) 床の上の物体にはたらく摩擦力

図 1・26(b) のように物体を水平な面の上に置き，物体にかける力 T を 0 から増加させると物体は動き始める．このときの摩擦力は，物体にかけた力 T と逆向きである．摩擦力の大きさ F は垂直抗力の大きさ N に比例している．

$$F = \mu N \tag{1・26}$$

この比例定数 μ を**静止摩擦係数**とよぶ．F と N の単位は共に〔N〕(ニュートン)であるので，μ は単位をもたない**無次元量**である．なお動く前は $F < \mu N$，$F = T$ である．

また，物体が動き出した後にも摩擦力を面から受ける．このときの摩擦係数を**動摩擦係数**とよび，μ' で表す．一般には $\mu' < \mu$ である．動いているときの摩擦力 F' を垂直抗力 N と動摩擦係数 μ' を使って，次のように書ける．

$$F' = \mu' N \tag{1・27}$$

表1・2にいろいろな材質の摩擦係数を示す．人体の摩擦力は特に興味深い．関節の摩擦係数は非常に小さいが，加齢と共に摩擦係数が大きくなる傾向があり，痛みを感じやすくなる．そのため人工関節としてさまざまな物質が研究されている．

表1・2　摩擦係数の例

材　質	静止摩擦係数	動摩擦係数
乾いたコンクリートとゴム	1	0.8
濡れたコンクリートとゴム	0.7	0.5
金属と金属（油を塗った場合）	0.7	0.6
人の関節	0.01	0.008

例題1・7　水平な床に置いた1.5 kgの物体を水平に引張った．力を徐々に大きくしたところ，5.2 Nのときに動き出した．この物体と床の間の静止摩擦係数を求めよ．

解　図1・25で垂直方向の力のつり合いの式は，$N-mg=0$．水平方向の力のつり合いの式は，$T-F=0$．摩擦力は，(1・26)式より $F=\mu N$．よって，$T=\mu mg$ より $\mu=T/mg=5.2\,\text{N}/(1.5\,\text{kg}\times9.8\,\text{m/s}^2)=0.35$ となる．

まとめ 1・5
- 万有引力は質量をもつ二つの物体の間にはたらく力である．
- 重力は地球と物体の間の万有引力である．
- 張力は糸が物体を引く力である．
- 垂直抗力は物体がのっている床が物体に及ぼす力である．
- 摩擦力は垂直抗力に比例した大きさである．

演習問題

1・1　図1・27のように，ある物体の時刻 t での速度は $\boldsymbol{v}(t)=(0, v_0)$ だった（$v_0>0$）．時間が Δt 経過したとき，速度は方向が変わり $\boldsymbol{v}(t+\Delta t)=(v_0, 0)$ になっていた．Δt の間の平均の加速度をベクトルとして求めよ．

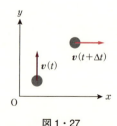

図1・27

演 習 問 題

1・2 図(a)のように2匹のカブトムシが押し合っている．右側のカブトムシに着目すると，どのような力がはたらいているか．列挙し，(b)に図示せよ．

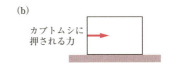

1・3 斜面に物体がある．斜面と水平のなす角を0から少しずつ増加させていく．この角がθのとき(図1・28)に物体が斜面を滑り始めた．物体と斜面の間の静止摩擦係数をμとして，1)～4)に答えよ．
1) 物体にはたらく重力を，斜面に平行な方向と垂直な方向に分解したとき，それぞれの成分の大きさをθを使って求めよ．
2) 物体が斜面から受ける抗力の大きさをNとする．斜面に垂直な方向の力のつり合いの式を求めよ．
3) 斜面と平行な方向の力のつり合いの式を求めよ．
4) 静止摩擦係数μをθを使って表せ．

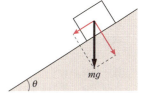

図1・28

1・4 地球上の1 kgの物体が，地球から受ける万有引力を(1・24)式を用いて求めよ．地球は球形であり，地球の質量が中心にあると仮定してよい．地球の半径は6.38×10^6 m, 質量は5.98×10^{24} kgとする．

応用問題

1・5 人類の足の大きさや体のバランスは，地球における重力などの環境に適応して進化してきた．もし次のような重力の天体上で生物が進化して人間に近い知能があるとしたら，現在の人類とどのように違うと考えられるか．グループで話し合って結論と理由を述べよ．
(a) 重力が現在の地球の$\frac{1}{2}$の場合　(b) 重力が現在の地球の2倍の場合

2 重力による運動，空気・水中での運動

　私たちが暮らす空間には，重力や空気抵抗がはたらいている．車を走らせるにも，飛行機を飛ばすにも，物体の動きを理解する必要がある．また，コンピューターゲームで物体の動きをリアルに表現するには，重力や空気抵抗を加味した運動方程式が使われている．物理法則に従った動きを私たちは"自然"と感じるからだ．本章では，重力を受けている物体の運動，空気抵抗や圧力，浮力などについて学んでいこう．

 1. 重力を受ける物体の運動について説明できる．
2. 空気抵抗・圧力・浮力について説明できる．

2・1 重力による運動

　本節では，重力を受けて運動する物体について考える．地球上の物体には，質量に比例した重力が鉛直下向きにはたらいている．重力は地球と物体が引き合う力であり，物体が地球に接していなくても作用する．たとえば物体を斜め上に投げたとき，物体が通る経路を横から見ると，図2・1のような曲線になっている．物体はだんだん減速しながら最高点に達した後，下に行くほど加速しながら斜め下に落下する．このような速度変化や位置の変化(変位)および曲線の形を，数式で表していこう．なお，空中に放たれた物体を投射物とよぶこともある．

図2・1　物体を斜め上に投げたときの曲線　→は速度ベクトル

2・1・1 初速度と加速度

■ **座標軸**　まず座標軸を決めよう．質量 m の物体が，動き始め($t=0$)にある位置を原点Oとする(図2・2)．そこから**鉛直**上向きに y 軸をとる．

x 軸は水平方向，初速度ベクトル $\boldsymbol{v}_0$ は x-y 平面にあるようにとる．このように二つの軸をとると，運動を x-y 平面だけで考えることができる．また，初速度ベクトル $\boldsymbol{v}_0$ が x 軸となす角を θ とする．初速度ベクトルの成分は，角度 θ を使って

$$\boldsymbol{v}_0 = (v_0 \cos\theta, v_0 \sin\theta) \tag{2・1}$$

と書ける．この角度 θ を**投射角**とよぶこともある．

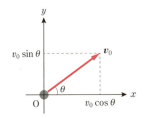

図2・2　初速度ベクトルと座標軸

■ **運動方程式から加速度を求める**　次に，運動方程式から加速度を表す式を導こう．運動方程式は，質量 m，加速度 $\boldsymbol{a}$，力 $\boldsymbol{F}$ を用いて，$m\boldsymbol{a}=\boldsymbol{F}$ と書ける(力がわかっているときに加速度，速度，変位を求めたい場合，物理学では $\boldsymbol{F}=m\boldsymbol{a}$ でなく，$m\boldsymbol{a}=\boldsymbol{F}$ と書くことが多い)．

空中に質量 m の物体があり，空気抵抗は無視できて，物体にはたらく力は重力だけであると仮定する．重力は高さによって変わらず一定だとする．重力は鉛直下向き，大きさは mg であるので，力のベクトルを成分で書くと

$$\boldsymbol{F} = (0, -mg) \tag{2・2}$$

と表せる．y 成分にマイナスがつくのは，y 軸は上向きを正にとっているからであ

鉛直と垂直

　鉛直とは重力がはたらく方向のことである．鉛のおもりに糸をつけてぶら下げると，糸が下がる方向が鉛直である．鉛直下向きは重力がはたらく向き，鉛直上向きは重力とは反対の向きである．

　鉛直と似た言葉に**垂直**がある．これは"ある直線(あるいは平面)に垂直"というように，基準になるものに対して直角であることを示す．

る．x 成分が0であるのは，水平方向に力が加わっていないことを示す．

一方，加速度ベクトルを成分で表すと，$\boldsymbol{a}=(a_x, a_y)$ である．$m\boldsymbol{a}=\boldsymbol{F}$ に $(2\cdot 2)$ 式を代入すると，$ma_x=0$，$ma_y=-mg$ となる．両辺を m で割ると

$$a_x = 0 \qquad (2\cdot 3)$$
$$a_y = -g \qquad (2\cdot 4)$$

が得られる．両式とも質量が含まれないことから，受ける力が重力だけの場合，物体は質量とは関係なく同じ運動をすることがわかる．また，両式の右辺には x や y が含まれないので，水平，鉛直の二つの方向の運動を別々に考えることができる．これから，それぞれの方向の運動を考えてみよう．

2・1・2 水平方向の運動

■ **水平方向の速度** 水平方向には力が加わっていないので，加速度の水平方向の成分は0である $(a_x=0)$．加速度とは，速度の時間的変化である．時間的変化が0ということは，速度が一定であることを意味する $(v_x=$一定$)$．初速度の x 成分は $(2\cdot 1)$ 式より $v_0\cos\theta$ であるので，次式のようになる．

$$v_x = v_0\cos\theta \;(一定) \qquad (2\cdot 5)$$

■ **水平方向の変位** 次に水平方向の距離を求めよう．速度は単位時間当たりの距離の変化である．変化が一定であるので，水平方向の移動距離 x は次式のような1次関数になる．

$$x = v_x t = v_0 t\cos\theta \qquad (2\cdot 6)$$

このように，水平方向の変位は時間 t の1次関数であり，図2・3のように水平方向に一定の速度で進む．

図2・3 水平方向の変位

水平方向の運動を図2・4にまとめる．力がわかっているとき，運動方程式から加速度が求まり，さらに速度，変位を求めることができるという流れを示す．力が0のとき，加速度は0，速度は一定，変位は時間 t の1次関数となる．

> **例題2・1** 水平方向に毎秒3.0 mの速度で物体を飛ばした．7.0秒後に水平方向に進んだ距離を求めよ．
> **解** $(2\cdot 6)$ 式より，$x=3.0\,\mathrm{m/s}\times 7.0\,\mathrm{s}=21\,\mathrm{m}$ となる．

2・1 重力による運動

■ **慣性の法則との対応** 慣性の法則によると，物体に対して力がはたらかないときは，運動している物体は等速直線運動を続ける．水平方向の運動が，この場合に相当する．

$v_0 = 0$ の場合は，(2・6)式より $x=0$ となる．つまり，力を受けず初速度が 0 であるとき，物体はずっとはじめの位置（原点）にとどまる．これは慣性の法則で，"物体に対して力がはたらかないとき，静止している物体は静止し続ける"ことに相当する．

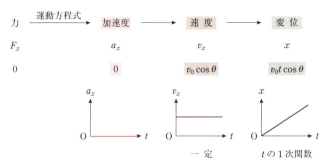

図2・4 水平方向の運動 質量，力がわかっている物体は，運動方程式より加速度，速度，変位の関数形を求められる．

2・1・3 鉛直方向の運動

■ **鉛直方向の速度** 次に鉛直方向の運動を考えてみよう．$a_y = -g$（2・4式）より，鉛直方向の加速度は一定である．マイナスがついていることから，加速度は負の値，つまり y 方向に下向きである．

加速度は速度の時間に対する変化の割合であるので，速度は加速度を傾きとする時間の1次関数となることがわかる．

$$v_y = -gt + 定数 \qquad (2・7)$$

この定数は，$t=0$ のときの鉛直方向の速度であり，(2・1)式より初速度の大きさ v_0，角度 θ を用いて，$v_0 \sin\theta$ と表せる．したがって

$$v_y = -gt + v_0 \sin\theta \qquad (2・8)$$

と書ける．

もしも重力がはたらかなくて $g=0$ ならば，$v_y = v_0 \sin\theta$ となり，物体は同じ速度で運動し続ける．重力があると，速度の鉛直上向きの成分がだんだん小さくなって 0

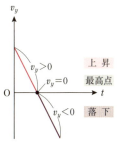

図2・5 鉛直方向の運動と速度

になり，それ以降はy軸の負の方向（鉛直下向き）に速くなっていく（図2・5）．

例題 2・2 初速度 8.0 m/s で鉛直上向きに投げた物体の 1.0 秒後の速度を求めよ．重力加速度の大きさは $g=9.8\,\mathrm{m/s^2}$ とする．
解 (2・8)式より
$$v_y = -9.8\,\mathrm{m/s^2} \times 1.0\,\mathrm{s} + 8.0\,\mathrm{m/s} \times \sin 90°$$
$$= -9.8\,\mathrm{m/s} + 8.0\,\mathrm{m/s} = -1.8\,\mathrm{m/s}$$
よって下向きに 1.8 m/s．

■ **鉛直方向の変位** 次に鉛直方向の変位を求めよう．速度は変位の時間についての微分（時間変化）であるので，逆に変位は速度の時間についての積分となる．したがって，変位は時間の2次関数になる．特に，関数 t の積分が $t^2/2$ になり，係数 $\frac{1}{2}$ がつくことに注意（1次関数の積分が2次関数になる．p.26，数学コラム2・1参照）．

(2・8)式を積分すると
$$y = -\frac{1}{2}gt^2 + v_0 t \sin\theta + 定数 \tag{2・9}$$

となる（定数は $t=0$ のときの y 座標）．原点から出発するとき，定数は0になり
$$y = -\frac{1}{2}gt^2 + v_0 t \sin\theta \tag{2・10}$$

が得られる．重力がない場合は，$g=0$ を代入すると $y=v_0 t \sin\theta$ であり，等速で上昇し続ける．重力によって物体の鉛直方向の運動は上向きから下向きに変化する（図2・6）．

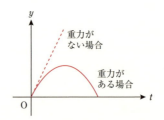

図2・6　鉛直方向の変位の時間変化

鉛直方向の運動についてまとめると，図2・7のようになる．力から運動方程式を用いて加速度が得られ，さらに速度，変位が求められることを示している．

例題 2・3 初速度 4.0 m/s で鉛直上向きに投げた物体の 0.50 秒後の高さを求めよ．
解 (2・10) 式より，以下のように求められる．

$$y = -\frac{1}{2}gt^2 + v_0 t \sin\theta$$
$$= -\frac{1}{2} \times 9.8 \text{ m/s}^2 \times (0.50 \text{ s})^2 + 4.0 \text{ m/s} \times 0.50 \text{ s}$$
$$= -1.2 + 2.0 = 0.8 \text{ m}$$

復習 2・1 水平から 30°の角度で 20 m/s で投げた物体について答えよ．
1) 初速度の水平成分と鉛直成分を求めよ．
2) 0.4 秒後の速度の水平成分と鉛直成分を求めよ．
3) 0.4 秒後の位置を求めよ．

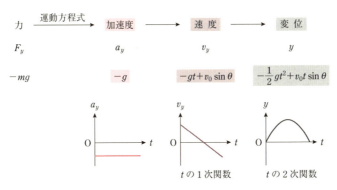

図 2・7 鉛直方向の運動

2・1・4 軌　跡

■ **軌　跡**　これまでの説明から，変位に関して次の 2 式が得られた．

$$x = v_0 t \cos\theta$$
$$y = -\frac{1}{2}gt^2 + v_0 t \sin\theta$$

2 式から時刻 t を消去すると，x と y の関係式が得られる．時刻を消去することによって "いつ" という情報は失われ，"どこを通ったか" を示す式になる．これは飛行機雲に似ている．飛行機雲は，飛行機がいつそこを通過したかはわからないが，通った跡を示している．これを**軌跡**とよぶ．

数学 2・1 積　分

ここで，本節で速度から変位を求めるときに使った積分について復習しよう．

積分は微分の逆として定義される．たとえば関数 $y=F(x)$ の微分が $f(x)$，つまり

$$f(x) = \frac{\mathrm{d}F(x)}{\mathrm{d}x} \tag{1}$$

であるとき，次式のようになる．

$$F(x) = \int f(x)\,\mathrm{d}x \tag{2}$$

微分の定義から

$$f(x) = \frac{\mathrm{d}F(x)}{\mathrm{d}x} = \lim_{\Delta x \to 0} \frac{\Delta F}{\Delta x} = \lim_{\Delta x \to 0} \frac{F(x+\Delta x)-F(x)}{\Delta x} \tag{3}$$

であるので，Δx が非常に小さいと考えると，$f(x)=\Delta F/\Delta x$ あるいは $\Delta F=f(x)\Delta x$ となる．$f(x)\Delta x$ は図 2・8 の □ 部分となる．このような細い長方形の面積を集めて Δx を 0 に近づけたものが $F(x)$ であるので，$F(x)=\int f(x)\,\mathrm{d}x$ は，$y=f(x)$ と x 軸の囲む面積を表すことになる．

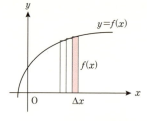

図 2・8　$y=f(x)$ の積分

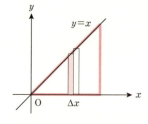

図 2・9　$y=x$ の積分

特に $y=f(x)=x$ の場合，直線と x 軸で囲む図形は三角形である（図 2・9）．図中の三角形の面積は，（底辺×高さ）/2=$x^2/2$ で求められる．したがって次式が得られる．

$$\int x\,\mathrm{d}x = \frac{x^2}{2} + \text{定数} \tag{4}$$

重力があるときの物体の運動を示す式から時刻 t を消去して，軌跡を求めてみよう．水平方向の変位の式 $x=v_0 t\cos\theta$ より，$t=x/(v_0\cos\theta)$．これを (2・10) 式の t に代入すると

$$y = -\frac{1}{2}gt^2 + v_0 t\sin\theta = -\frac{1}{2}g\left(\frac{x}{v_0\cos\theta}\right)^2 + v_0\left(\frac{x}{v_0\cos\theta}\right)\sin\theta$$

となる．$\tan\theta = \sin\theta/\cos\theta$ を用いると

$$y = -\frac{g}{2v_0^2 \cos^2\theta}x^2 + x\tan\theta \qquad (2\cdot 11)$$

が得られ y は x の 2 次関数，図 2・1 の曲線は放物線であることがわかる．

■ **水平到達距離** これまでに述べたことから，図 2・10 のように物体を斜めに投げ，同じ高さに戻ってくるときの水平距離(**水平到達距離**)を求めてみよう．軌跡が放物線になることから，最高点に達するときの水平距離の 2 倍を求めればよいことがわかる．

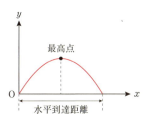

図 2・10 軌跡と水平到達距離

最高点に達するまでの時間は，鉛直方向の速度の $v_y = -gt + v_0\sin\theta$ (2・8 式) において $v_y = 0$ とすると，最高点において

$$t = \frac{v_0\sin\theta}{g} \qquad (2\cdot 12)$$

となる．このときの水平距離 $x = v_0 t\cos\theta$ は

$$x = v_0 t\cos\theta = \frac{v_0^2 \sin\theta\cos\theta}{g}$$

となる．すると，同じ高さに戻ってくるまでの水平距離(水平到達距離)はこの 2 倍になり

$$x = \frac{2v_0^2 \sin\theta\cos\theta}{g} \qquad (2\cdot 13)$$

で求められる．

物体を遠くまで投げるには，どれほどの角度で投げればよいだろうか？ 角度 θ

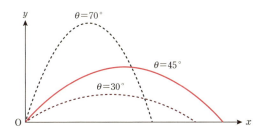

図 2・11 投射角と水平到達距離　同じ速さで投げても，投げる角度によって水平到達距離は異なる．

が大きいと，鉛直方向への投げ上げに近くなり水平距離を稼げない．かといって地面すれすれの角度で投げると，すぐに落ちてきて，水平距離を稼げない（図2・11）．ほどよい角度は何度だろうか？

(2・13)式で求めた水平到達距離で角度に依存した部分は，$\sin\theta\cos\theta$ である．三角関数の性質より $\sin 2\theta = 2\sin\theta\cos\theta$ なので，水平到達距離は $\sin 2\theta$ に比例する．これは $2\theta = 90°$ で最大値をとるので，$\theta = 45°$ の角度で投げればよいことがわかる．ただし空気抵抗は無視している．

まとめ 2・1
- 重力のみを受けて運動する物体は，水平方向には同じ速度で運動する．垂直方向には加速度が一定で，速度は物体が上昇すると小さくなり，下降すると大きくなる．
- 物体を投げるとき，重力のみを受ける場合，最も遠くに飛ばすためには，水平から45°の角度で投げる．

2・2 空気抵抗・圧力・浮力

前節では，力として重力だけを受ける物体の運動を考えた．しかし，現実の地球上は真空ではなく，大気がある．物体が運動する際は，この大気の影響を受ける．

ネアンデルタール人とホモ・サピエンス

物理学を考古学に応用した Churchill らの研究を紹介する．[S. E. Churchill, *et al.*, *J. Human Evolution*, **57**, 163-178 (2009)]

ネアンデルタール人は，人類の歴史において私たちホモ・サピエンスと共通の祖先をもち約3万年前に絶滅したといわれている．それまでの数千年間，両者はヨーロッパで共存していた．

ネアンデルタール人が絶滅した理由は諸説ある．その一つに，ホモ・サピエンスに滅ぼされたという説がある．ネアンデルタール人の骨の中には，胸の部分に上から斜め45°の方向から槍で刺されたと考えられるような跡が見つかっている．当時はとがった石の槍が使われていた．

ネアンデルタール人はおもに森の中に住んでいて，獲物に近づいていって槍で刺していた．このとき槍は獲物に対して垂直に刺さることが多い．一方ホモ・サピエンスは草原に住み，遠くに獲物を見つけると槍を投げて射止めていた．

上から斜め45°は最も遠くに届く投げ方である．ホモ・サピエンスがこの投げ方で槍を投げ，ネアンデルタール人の骨に見られた傷跡の原因となった可能性がある．

また，海などでは水の影響も受ける．本節では，大気中での物体の運動を考えるために，重力以外にかかる空気抵抗，圧力，浮力について学ぶ．

2・2・1 空気抵抗

日常生活では，たとえば自転車で走ると，走る向きとは逆向きの力を空気から受けているように感じる．これを**空気抵抗**とよぶ．空飛ぶ鳥は空気抵抗を利用している．自動車や飛行機を設計する際は，空気抵抗を考慮する必要がある．宇宙船は，宇宙空間では空気がほとんどないので空気抵抗をほぼ受けないが，地球に戻ってくるときは，空気抵抗により落下速度が小さくなり，逆噴射（減速）のための燃料を節約できる．

空気抵抗による力には，(1) 速度と反対の方向である，(2) 速度が大きいほど大きくなる（速度の増加関数）という二つの性質がある．空気抵抗は速度の大きさに比例する場合や，速度の大きさの2乗に比例する場合がある．ここでは，速度の大きさに比例する場合を考えよう．

まっすぐ落下する1次元の運動で，空気抵抗による力の大きさ R（抵抗 resistance）が物体の速さ v に比例するとき

$$R = kv \qquad (2・14)$$

が成り立つ．k は比例定数である．ここで**比例定数**という言葉に注意しよう．物理学での**定数**は"一定である量"という意味であり，ほとんどの場合単位がある（単位のない無次元量ではない）．

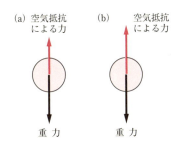

図2・12 空気抵抗があるときの落下運動
(a) 速度が小さいうちは，加速度は下向きである．(b) 速度が大きくなると，空気抵抗と重力がつり合って加速度は0になり，等速度運動をする．

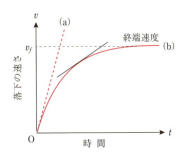

図2・13 落下の速さの時間変化 (a) 空気抵抗を考慮しないとき，直線の傾きは g．(b) 空気抵抗を考慮するとき，傾き（加速度）がだんだん小さくなる．——は速さ v を t の関数としたときの接線．

ここで,物体が落下している場合,鉛直下向きの加速度を a とすると,運動方程式は

$$ma = mg - kv \qquad (2 \cdot 15)$$

と書ける.初速度の大きさを $v=0$ とする.$(2 \cdot 15)$ 式の右辺の重力によりだんだん速く落下するようになる.v が大きくなると加速度が小さくなる.右辺が0になったときに加速度が0となり,等速で落下する(図 $2 \cdot 12, 13$).このときの速度を **終端速度** とよぶ.$mg - kv = 0$ より,終端速度 v_f は

$$v_\mathrm{f} = \frac{mg}{k} \qquad (2 \cdot 16)$$

となる.終端速度は質量が大きいほど大きくなる.物体が重力だけを受けているときは運動は質量と関係なく決まるが,抵抗力がある場合は質量によって異なるのである.

例題 2・4 $(2 \cdot 14)$ 式における抵抗力の比例定数 k はどのような単位になるか.
解 抵抗力 R の単位は力の単位 [N],速さ v の単位は [m/s] より,比例定数 k の単位は,N/(m/s)=s·N/m=s (kg·m/s^2)/m=kg/s である.

2・2・2 圧　力

先のとがった針を何かに刺すことは容易だが,先がとがっていない棒は同じ力を加えても刺さらない.これは先がとがっている方が単位面積当たりにかかる力が大きいからである.これを表した量が圧力である.

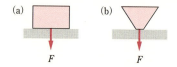

図 2・14　面積と圧力　同じ大きさの力 F を及ぼしても,触れる面積によりかかる圧力が異なる.

■ **圧力の定義**　面積 S(surface) の面に対して,垂直に大きさ F の力を及ぼすとき,**圧力** p(pressure) は次のように表される(図 $2 \cdot 14$).

$$p = \frac{F}{S} \qquad (2 \cdot 17)$$

力の単位は [N],面積の単位は [m^2] であるので,圧力の単位は [N/m^2] である.これを [Pa](パスカル)で表す(1 Pa=1 N/m^2).

2・2 空気抵抗・圧力・浮力

これまでは固体の例で圧力を説明したが，気体や液体も圧力をもつ．定常状態にある気体や液体では，圧力は面の向きにかかわらず同じ値になる．これを**パスカルの原理**とよぶ．

■ **液体の圧力**　均一な密度の液体の圧力を考えてみよう．図 2・15 のように，密度 ρ の液体が断面積 S の容器中に入っていて，液体の高さを h とする．液体の質量 M は，体積が底面積×高さであることから

$$M = \rho h S \qquad (2・18)$$

である．この液体にかかる重力は

$$F = Mg = \rho h S g \qquad (2・19)$$

である．したがって，容器の底に下向きにかかる圧力は $p = F/S$ より

$$p = \rho h g \qquad (2・20)$$

となる．

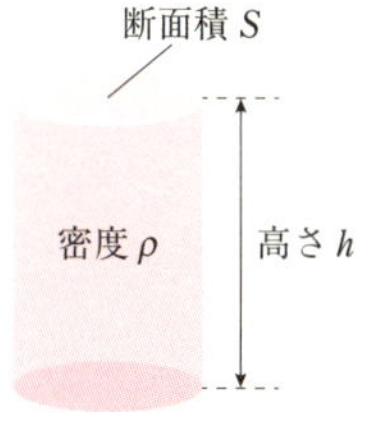

図 2・15 容器に入った液体

■ **大気圧**　地球のまわりには重力によって空気が保持されている．地球から遠くなると重力は小さくなるので，上空に行くにしたがって大気は薄くなる．地表付近では，地表の上にあるすべての空気の重みが圧力となる．これを**大気圧**とよぶ．図 2・16 のような実験を行うと，大気圧は高さ 76.0 cm の水銀柱とつり合うことがわかっており，水銀の密度が 13.6 g/cm^3 であることから，大気圧の大きさを求めることができる．

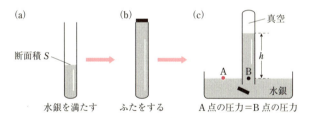

図 2・16 **大気圧を測定する実験**　(a) 管の中に水銀を満たす．(b) ふたをする．(c) 管を水銀の入った容器内に差込んだままの状態でふたを取ると，A 点と B 点の圧力は等しくなる．

大気圧である 1.013×10^5 N/m^2 を **1 気圧**(1 atm, atmosphere の意)とよぶ．私たちは大気圧による圧力を受けているにもかかわらず，大気圧につぶされることはない．これはなぜだろうか．私たちの体内ではさまざまな仕組みで気体や液体の圧力を保っている．

例題 2・5 図 2・16(c) において，水銀柱の高さが 76.0 cm であるときの B の水銀面が受ける下向きの圧力を求めよ．
解 (2・20)式より
$$p = \rho h g = 13.6 \text{ g/cm}^3 \times 76.0 \text{ cm} \times 9.8 \text{ m/s}^2$$
$$= 13.6 \text{ kg/m}^3 \times \frac{10^{-3}}{(10^{-2})^3} \times 0.76 \text{ m} \times 9.8 \text{ m/s}^2$$
$$= 13.6 \times 0.76 \times 9.8 \times 10^3 \text{ N/m}^2 = 1.013 \times 10^5 \text{ N/m}^2$$

例題 2・6 1気圧は，1 cm² の面積にどれだけの質量の物体がのっていることに相当するか．
解 (2・19)式より，水銀柱の ρh は
$$\rho h = 13.6 \text{ g/cm}^3 \times 76.0 \text{ cm} = 1033.6 \text{ g/cm}^2 = 1.03 \text{ kg/cm}^2$$
となる．よって，1 cm² の面積に 1.03 kg の物体がのっていることに相当する．

復習 2・2 人間の頭の断面を直径 16 cm の円と考えると，1気圧は頭の上にどれだけの質量の物体がのっていることに相当するか．

2・2・3 浮　力

私たちはプールや海で浮くことができる．重力だけがはたらいているならば沈むはずなのになぜだろう？ 浮くということは，上向きの力がはたらいていることになる．この力を**浮力**とよぶ．

浮力が生じる仕組みを考えてみよう．図 2・17(a) のように，密度 ρ の液体中に高さ h，上面と下面の面積が共に S，質量 0 の立体 X を仮想的に区切って考えてみ

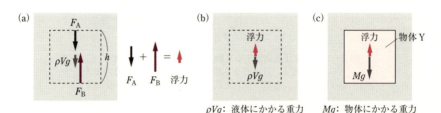

$\rho V g$: 液体にかかる重力　　Mg: 物体にかかる重力

図 2・17 浮力が生じる仕組み　液体中に立体 X を考える．(a) 上面から受ける力 F_A と，下面から受ける力 F_B の合力 ↑ が浮力になる．(b) 液体が静止しているとき，X にかかる浮力と X 内部の液体にかかる重力がつり合っている．(c) 液体中に質量 M の物体 Y を入れると，重力と浮力が物体 Y にかかる．

よう．立体Xの内外は同じ液体で満たされている．液体が静止しているなら，立体Xも静止している．したがって，X内部の液体にはたらく力はつり合っている．立体Xの上面の圧力を p_A とすると，内部の液体は上面から大きさ $F_A = p_A S$ の下向きの力を受けている．下面での圧力を p_B とすると，内部の液体は下面から大きさ $F_B = p_B S$ の上向きの力を受けている．また，この立体の体積は $V = hS$ であり，立体X内部の液体の質量は $m = \rho V = \rho h S$ である．内部の液体が受ける重力は $mg = \rho V g$ である．鉛直方向の力のつり合いより

$$\rho V g = F_B - F_A \tag{2・21}$$

となる．右辺の面Bから受ける力と面Aから受ける力の差は上向きである．この力が浮力であり，液体にかかる重力とつり合っている（図2・17b, 2・22式）．

$$F = \rho V g \tag{2・22}$$

浮力は物体の体積と液体の質量で決まり，物体の質量とは関係がないことに注意しよう．浮力は物体が排除する液体の重力の大きさに等しい上向きの力と表現することもできる．

立体Xと大きさが同じで，質量 M の物体Yを考える．この物体が液体に浮くかどうかは，浮力と重力の大小で決まる．上向きを正にとると，浮力と重力の合力は

$$\rho V g - M g = (\rho V - M) g \tag{2・23}$$

で表される．図2・17(c)のように物体Yが完全に液体中にあれば，Yの密度 M/V を使って，(2・23)式は $(\rho - M/V) V g$ と変形できる．Yの密度が液体の密度よりも小さいとき，物体は浮く．たとえばプールの水よりも海の方が浮きやすいことは経験があるだろう．海水には塩分が含まれ，水よりも密度が大きいためである．船は密度が水よりも大きな金属でできているが，空気など密度の小さな空間をつくり，浮力を大きくしている．船に穴が空くと，水が入って密度が大きくなり沈みやすくなる．

まとめ 2・2
- 空気抵抗を受けて落下する物体は，一定の速度に達する．
- 圧力は力を面積で割った量である．
- 浮力は物体が排除する液体にかかる重力から求めることができる．

演習問題

2・1 図2・18のように，地面上の原点から水平方向に L，鉛直上向きに h だけ離れた地点Pから，$t=0$ に物体Aを静かに落下させる．点Pの真下の地面上の点をQとする．原点からQの方向に x 軸をとり，鉛直上向きに y 軸をとる．$t=0$ に原点から速さ v_0，x 軸との角度 θ で物体Bを投げる．このときの初速度ベクトルは x-y 平面に

あるとする．物体AとBの大きさ，空気抵抗は無視できるとする．次の 1)〜4) に答えよ．

1) 時刻 t における物体Aの高さ y_A を求めよ．
2) 物体Bを投げた後，時刻 t における物体Bの水平方向の距離 x_B および高さ y_B を求めよ．
3) 物体Bが物体Aにぶつかるためには，θ に関してどのような条件が必要か，求めよ．
4) 物体Aと物体Bがぶつかる地点の y 座標が正であるためには，v_0 はある程度大きい必要がある．v_0 に関する条件を書け．

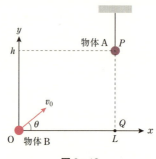

図 2・18

2・2 深さ 1.0 m のプールの底での水圧を求めよ．また，求めた圧力は大気圧の何%か．水の密度を 1.0 g/cm³ とする．

2・3 氷が水に浮くのは，氷の密度が水の密度よりも小さいからである．氷の体積 V のうち，Vx が水面より上にあり，$V(1-x)$ が水面よりも下にあるとする（$0<x<1$）．このとき次の 1)〜4) に答えよ．大気の密度を ρ_0，氷の密度を ρ_1，水の密度を ρ_2 とする（$\rho_1<\rho_2$）．

1) 氷にはたらく重力と浮力を求めよ．
2) 重力と浮力がつり合っている条件から，x を ρ_1，ρ_2 で表せ．
3) $\rho_1=0.9150$ g/cm³，$\rho_2=0.9998$ g/cm³ のとき，x を求めよ．空気の密度 ρ_0 は，ρ_1 や ρ_2 に比べて無視できるとする．

応用問題

2・4 深い海の底の圧力は陸上に比べてかなり高い．このような場所に生育する生物は，どのような仕組みで高圧の環境で生きているのか，調べなさい．生物が生育する海の深さから，圧力の値も計算すること．またそのような生物の仕組みを利用して，どのような商品を考案できるだろうか．グループで話し合いなさい．

3 力学的エネルギーと運動量

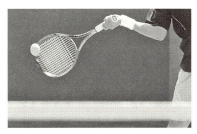

テニスラケットでボールを打ったとき，ボールに加える力が強いほど，またラケットがボールに当たっている時間が長いほど，ボールは速く飛ぶ．また，小さな画鋲やねじを動かすときには，ハンドルのついた道具を使うと簡単に動かせる．私たちが日常で感覚的に知っていることを，物理の言葉で理解しよう．

 行動目標
1. 仕事について説明できる．
2. 運動エネルギーと位置エネルギーについて説明できる．
3. 運動量と力積について説明できる．

3・1 仕 事
3・1・1 仕 事

"仕事"は日常生活でよく使われる言葉だが，物理学では次のように定義する．物体に大きさ F の一定の力を加えることにより，物体が力と同じ方向に x だけ移動したとする．このとき力が物体にした**仕事** W (work) を

$$W = Fx \qquad (3 \cdot 1)$$

と定義する(図3・1)．ここで注意すべき点は，物体が動かない場合($x=0$)は，力が物体にした仕事が0になることである．たとえば写真のようにりんごを手にのせ

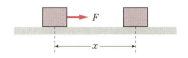

図3・1 力の方向に動く場合

て静止していると，手は疲れたとしても，りんごに対して仕事はしていない．

力の単位が〔N〕，距離の単位が〔m〕であるので，(3・1)式より仕事の単位は〔N·m〕である．これを〔J〕(ジュール)で表す(J=N·m)．

例題3・1 ある人が物体に3.5 Nの力を加えたところ，力の方向に2.0 m移動した．この人が物体にした仕事を求めよ．

解 (3・1)式より，仕事=力×距離であるから，3.5 N×2.0 m=7.0 N·m=7.0 Jとなる．

(3・1)式で，力と移動の方向が逆の場合($Fx<0$)は仕事が負になる($W<0$)ことに注意しよう．正の方向に一定の速さで進んでいる物体に負の方向に力を加えると，物体の正の方向への移動速度はだんだん小さくなる．この場合，物体に負の仕事をしている．

■ **斜めに力が加わるときの仕事**　キャリーバッグを斜めに引いて床の上を転がすと，力を加えている方向は斜めであり移動の方向が異なる．

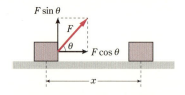

図3・2 斜めに力を加えて動かす

図3・2のように，物体に加える力(大きさF)が進行方向となす角をθとする．物体が移動する方向と垂直な力は仕事をしないので，移動方向の成分$F_x=F\cos\theta$のみを考えればよい．すると仕事は

$$W = F_x x = Fx\cos\theta \qquad (3\cdot 2)$$

と表される．(3・2)式は内積を使って書くこともできる(内積については数学コラム3・1を参照)．力のベクトルを$\boldsymbol{F}$，物体の位置の変化のベクトルを$\boldsymbol{x}$とすると

$$W = \boldsymbol{F}\cdot\boldsymbol{x} \qquad (3\cdot 3)$$

となる．仕事は力のベクトルと変位のベクトルから求められるが，ベクトルではなくスカラーであることに注意しよう．

例題 3・2 物体に水平から 60° の角度で 8.0 N の力をかけ，水平な床の上を 5.0 m 動かした．物体に対してした仕事を求めよ．

解 (3・2)式において，$\cos 60° = \frac{1}{2}$ より

$$W = Fx\cos\theta = 8.0\,\text{N} \times 5.0\,\text{m} \times \frac{1}{2} = 20\,\text{J}$$

となる．

■ **力の大きさが変化するときの仕事**　力の大きさや方向が一定でない場合の仕事はどのように考えればよいだろうか？

ある物体の位置を原点からのベクトル r で表そう．短い時間 Δt に物体の位置が r' に変わったとすると，変位は

$$\Delta r = r' - r$$

数学 3・1　ベクトルの内積

二つのベクトル a と b の**内積** $a\cdot b$ は，a と b のなす角が θ のとき，次のように定義できる(図 3・3)．

$$a\cdot b = |a||b|\cos\theta \tag{1}$$

ここで $|a|$ はベクトル a の大きさであり，次式のように表せる．

$$|a| = \sqrt{a_x^2 + a_y^2}$$

$|b|$ についても同様である．内積の定義から，二つのベクトルが垂直であるとき，内積は 0 である．

二つのベクトルの成分 $a = (a_x, a_y)$，$b = (b_x, b_y)$ で内積を表すと，次のようになる．

$$a\cdot b = a_x b_x + a_y b_y \tag{2}$$

図 3・3　内積 $a\cdot b$ と a の b 方向への正射影(—)

次に，内積の図形的な意味を考えてみよう．b が単位ベクトル(長さ 1 のベクトル) e であるとき，(1)式より次式が得られる．

$$a\cdot e = |a|\cos\theta \tag{3}$$

$|a|\cos\theta$ は，図 3・3 のように，ベクトル a の b 方向への正射影(b に垂直な方向から光を当てたときの影の部分)になっている．

となる(図3・4). Δt の間に加えた力をベクトル $\boldsymbol{F}$ で表すと,物体にした仕事は
$$\Delta W = \boldsymbol{F}\cdot\Delta\boldsymbol{r}$$
となる.するとある経路でした仕事は各区間の仕事の和となる.物体が動いた経路 C(curve の意)に沿った積分を,積分記号の下に C を書いて表すと
$$W = \int_{C} \boldsymbol{F}\cdot\mathrm{d}\boldsymbol{r} \qquad (3\cdot 4)$$
となる(図3・5).

図3・4 変位 $\Delta\boldsymbol{r}$(→)　　図3・5 経路に沿った積分

3・1・2 仕 事 率

単位時間当たりに行う仕事を**仕事率**という.時間 t の間に仕事 W を行ったとき,仕事率 P(power) を
$$P = \frac{W}{t} \qquad (3\cdot 5)$$
で表す.仕事 W が変化する場合,微分を使って $P=\mathrm{d}W/\mathrm{d}t$ を求めることもある.仕事 W の単位は[J],t の単位は[s]なので,仕事率の単位は[J/s]であり,[W](ワット)で表す.これは電力(第10章)と同じ単位である.

> **例題3・3**　20 J の仕事をするのに 4.0 秒かかった.このときの仕事率を求めよ.
> **解**　$P = W/t = 20\,\mathrm{J}/4.0\,\mathrm{s} = 5.0\,\mathrm{W}$

まとめ 3・1
- 仕事は力×距離で表される.
- 仕事の単位は[J]=[N·m]である.
- 仕事率は,仕事/時間で表せる.

3・2 運動エネルギーと位置エネルギー

物体の速度は,力を物体に加えることにより変化する.ここでは速度の変化と仕事の関係について考えてみよう.

3・2 運動エネルギーと位置エネルギー

3・2・1 運動エネルギー

物体に仕事を与えると，物体の速度が変化することがある．そこで，運動する物体の速度に依存した量として，運動エネルギーを定義する．

質量 m，速さ v の物体の**運動エネルギー** K（kinetic energy の意）は

$$K = \frac{1}{2}mv^2 \tag{3・6}$$

と定義される．速度をベクトル $\boldsymbol{v}$ で表すと，運動エネルギーは

$$K = \frac{1}{2}m|\boldsymbol{v}|^2 = \frac{1}{2}mv^2$$

と書くこともできる．質量の単位が〔kg〕，速さの単位が〔m/s〕であることから，運動エネルギーの単位が仕事の単位と同じ〔J〕であることがわかる．

例題 3・4 運動エネルギーの単位を kg，m，s で表せ．また仕事の単位と同じであることを示せ．

解 運動エネルギーの定義 $K=\frac{1}{2}mv^2$ から，単位は kg×(m/s)^2=kg·m^2/s^2．一方，仕事の単位は $W=Fx$ より，N·m=kg(m/s^2)·m=kg·m^2/s^2．よって，両者の単位は等しい．

復習 3・1 速さ 2.0 m/s で運動している質量 5.0 kg の物体がもつ運動エネルギーを求めよ．

■ **運動エネルギーと仕事の関係** 一定の力 F を受けて 1 次元で一定の加速度 a で運動する物体を考える．物体の質量を m とすると，運動方程式より $ma=F$ が成り立つ．初速度を v_0 とすると，時間 t を経過したときの速度 v と移動距離 x は以下のようになる．

$$v = v_0 + at \tag{3・7}$$

$$x = \frac{1}{2}at^2 \tag{3・8}$$

上式より時間 t を消去すると

$$x = \frac{v^2 - v_0^2}{2a} \tag{3・9}$$

となり，仕事は

$$W = Fx = ma\frac{v^2 - v_0^2}{2a} = \frac{1}{2}mv^2 - \frac{1}{2}mv_0^2 \tag{3・10}$$

となる．したがって，運動エネルギーの変化は与えた仕事 W に等しい．

$$\frac{1}{2}mv^2 - \frac{1}{2}mv_0^2 = W \qquad (3 \cdot 11)$$

ここでは物体に与えた力（または加速度）が一定の場合について述べたが，一定でない場合についても運動方程式から導ける．一般的には次のように表せる．

$$\frac{1}{2}mv^2 - \frac{1}{2}mv_0^2 = W = \int_C \boldsymbol{F} \cdot d\boldsymbol{r} \qquad (3 \cdot 12)$$

図3・6のように，始点での運動エネルギーは $\frac{1}{2}mv_0^2$，終点での運動エネルギーは $\frac{1}{2}mv^2$ である．$\int_C$ は，運動の経路 C に沿って積分することを意味する．$d\boldsymbol{r}$ は経路の接線方向の微小ベクトルである．（3・12）式の証明を数学コラム 3・2 に示す．

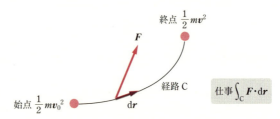

図3・6　運動エネルギーと仕事

3・2・2　保存力と位置エネルギー

　荷物を床の上で横に押すとき，つるつるな床とでこぼこな床ではつるつるな床の方がずっと動かしやすい．私たちは明らかに仕事量が違うと感じているのだ．この違いはなぜ生じるのだろうか？ 本項では"保存力"という考え方を導入して，この違いについて説明する．

　物体を始点から終点へ移動するとき，経路によってこの間の仕事が異なる場合と，同じである場合がある．物体が移動する際，始点と終点を決めれば途中の経路に関係なく，物体に与えられた仕事の量が一定であるとき，その仕事に関わる力を**保存力**という．重力や静電気力は保存力である．一方，途中の経路によって仕事の量が異なる場合は，**非保存力**という力が寄与している．摩擦力や空気抵抗による力は非保存力である．たとえば，摩擦力のある面上で物体を引きずるとする．図3・7のように始点 A から終点 B へ向かう経路が二つあり，摩擦力が同じなら，C を経由する長い経路の方が，外から大きい仕事を物体にする必要がある．

　保存力のみが仕事に関わる場合は，（3・12）式の積分が始点と終点だけで決まる．始点を P_0，終点を P_1，（3・12）式右辺を積分した関数を $-U$ とする．P_0，P_1 における物体の速度をそれぞれ $\boldsymbol{v}_0$，$\boldsymbol{v}_1$ とし，P_0，P_1 における U の値をそれぞれ U_0，U_1

とおくと

$$W = \frac{1}{2}m\boldsymbol{v}_1^2 - \frac{1}{2}m\boldsymbol{v}_0^2 = \int_{P_0}^{P_1} \boldsymbol{F}\cdot d\boldsymbol{r} = -(U_1 - U_0) \quad (3\cdot13)$$

と書ける．式を変形して

$$\frac{1}{2}m\boldsymbol{v}_0^2 + U_0 = \frac{1}{2}m\boldsymbol{v}_1^2 + U_1 \quad (3\cdot14)$$

となる．つまり，運動エネルギーと U の合計が一定であることがわかる．(3・13)式の $\boldsymbol{F}$ が保存力のとき，**位置エネルギー**または**ポテンシャルエネルギー**とよぶ．

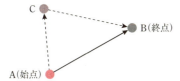

図3・7　始点Aから終点Bへの二つの経路

運動エネルギーと位置エネルギーの合計を，**力学的エネルギー**とよぶ．力学的エネルギーが一定になるのは，非保存力が0であるか，非保存力があっても物体に仕事をしない(経路に垂直な)場合である．したがって，次のような法則にまとめることができる．

力学的エネルギー保存則：ある物体に保存力のみがはたらく，または非保存力があっても物体に仕事をしない場合，その物体の力学的エネルギーは一定である．

1次元の運動の場合，(3・12)式右辺の積分において，経路は x 軸上なので，$d\boldsymbol{r}$ は dx と書ける．

$$\frac{1}{2}mv_1^2 - \frac{1}{2}mv_0^2 = \int_{P_0}^{P_1} F\,dx = -(U_1 - U_0) \quad (3\cdot15)$$

位置エネルギーは，次式のように書ける．

$$U = -\int F\,dx \quad (3\cdot16)$$

ここで U には，右辺の不定積分の結果生じる積分定数の任意性があることに注意．

例題3・5　重力のみが物体にはたらく場合を考える．上向きに z 軸をとると，重力は $F = -mg$ である．$U = -\int F\,dz$ (3・16式)より，重力による位置エネルギーを求めよ．地表を基準点として $z=0$ で $U=0$ とする．

解　$U = -\int F\,dz = \int mg\,dz = mg\int dz = mgz + C$ （Cは積分定数）
$z=0$ で $U=0$ より，$U = mgz$ になる(図3・8)．

数学 3・2 運動エネルギーと仕事の関係を運動方程式から導く

ここでは，運動方程式 $m\boldsymbol{a}=\boldsymbol{F}$ から，運動エネルギーと仕事の関係(3・12式)を導く．まず，運動方程式の両辺のベクトルと，速度 $\boldsymbol{v}$ の内積をとると

$$m\boldsymbol{a}\cdot\boldsymbol{v} = \boldsymbol{F}\cdot\boldsymbol{v} \tag{1}$$

となる．ここで $\boldsymbol{a}=d\boldsymbol{v}/dt$ を用いると

$$(1)\text{の左辺} = m\frac{d\boldsymbol{v}}{dt}\cdot\boldsymbol{v} \tag{2}$$

となる．ここで

$$\boldsymbol{v}^2 = v_x^2 + v_y^2 + v_z^2 \tag{3}$$

を t で微分し，両辺を2で割ると

$$\frac{d}{dt}\left(\frac{1}{2}\boldsymbol{v}^2\right) = v_x\frac{dv_x}{dt} + v_y\frac{dv_y}{dt} + v_z\frac{dv_z}{dt} = \boldsymbol{v}\cdot\frac{d\boldsymbol{v}}{dt} \tag{4}$$

(4)式の左右を入替えると

$$\boldsymbol{v}\cdot\frac{d\boldsymbol{v}}{dt} = \frac{d}{dt}\left(\frac{1}{2}\boldsymbol{v}^2\right) \tag{5}$$

となる．両辺に m をかけると

$$m\boldsymbol{v}\cdot\frac{d\boldsymbol{v}}{dt} = m\frac{d}{dt}\left(\frac{1}{2}\boldsymbol{v}^2\right) = \frac{d}{dt}\left(\frac{1}{2}m\boldsymbol{v}^2\right) \tag{6}$$

この式を(2)の右辺に代入すると

$$(1)\text{の左辺} = \frac{d}{dt}\left(\frac{1}{2}m\boldsymbol{v}^2\right) \tag{7}$$

したがって，(1)式は

$$\frac{d}{dt}\left(\frac{1}{2}m\boldsymbol{v}^2\right) = \boldsymbol{F}\cdot\boldsymbol{v} \tag{8}$$

と書ける．
(8)式は，$\frac{1}{2}m\boldsymbol{v}^2$ を t で微分すると，$\boldsymbol{F}\cdot\boldsymbol{v}$ になることを示している．したがって，逆に $\boldsymbol{F}\cdot\boldsymbol{v}$ を t で積分すると，$\frac{1}{2}m\boldsymbol{v}^2$ になる．$t=0$ での速度を $\boldsymbol{v}$ とすると

$$\frac{1}{2}m\boldsymbol{v}^2 - \frac{1}{2}m\boldsymbol{v}_0^2 = \int_0^t \boldsymbol{F}\cdot\boldsymbol{v}\,dt \tag{9}$$

右辺に $\boldsymbol{v}=d\boldsymbol{r}/dt$ を代入すると

$$(9)\text{の右辺} = \int \boldsymbol{F}\cdot\frac{d\boldsymbol{r}}{dt}dt = \int \boldsymbol{F}\cdot d\boldsymbol{r} \tag{10}$$

(9)式に代入すると

$$\frac{1}{2}m\boldsymbol{v}^2 - \frac{1}{2}m\boldsymbol{v}_0^2 = \int_C \boldsymbol{F}\cdot d\boldsymbol{r} \tag{11}$$

右辺の積分記号の C は，運動の経路 C に沿って積分することを意味する．これにより，運動エネルギーの変化が仕事と等しいことを，運動方程式から導いた．

例題 3・5 より，重力による位置エネルギーは mgz で書けることがわかる（図 3・8）．たとえばある高さから初速度 0 で物体を落下させると，はじめの運動エネルギーは 0 である．落下するに従って位置エネルギーが減少し，一方で速度が増して運動エネルギーが増加する．位置エネルギーと運動エネルギーの和は一定である．

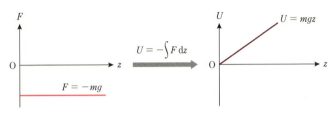

図 3・8　重力による位置エネルギー

例題 3・6　地表から 2.0 m の場所にある 3.0 kg の物体の位置エネルギーを求めよ．地表を位置エネルギーの基準，重力加速度の大きさを 9.8 m/s² とする．

解　$U = mgz = 3.0\,\text{kg} \times 9.8\,\text{m/s}^2 \times 2.0\,\text{m} = 59\,\text{J}$

まとめ 3・2
- 質量 m，速さ v の物体の運動エネルギーは，$\frac{1}{2}mv^2$ で表される．
- 物体が始点から終点へ動くとき，途中の経路に関係なく仕事が一定である場合，その仕事に関わる力を保存力という．
- 物体に保存力のみがはたらく，または非保存力があっても物体に仕事をしない場合，力学的エネルギー保存則が成り立つ．

3・3　運動量と力積

前節までは，物体に力を加えてある距離動かした場合や，運動の速度を変化させた場合の仕事について説明した．本節では，バットでボールを打つなど，力を短い時間かけた場合について考えてみよう．

3・3・1　運動量

道路を歩いていて，反対方向から走ってくる人にぶつかった場合，走ってくる人の速度が大きいほど，自分が受ける衝撃が大きい．速度が同じでも，走ってくる人の体重が大きいほど衝撃が大きい．このような運動の勢いを次のような量として考える．速度 $\boldsymbol{v}$ で運動している質量 m の物体の**運動量 $\boldsymbol{p}$** を

$$\boldsymbol{p} = m\boldsymbol{v} \tag{3・17}$$

と定義する．ここで速度 v はベクトルであるので，運動量 p も速度と同じ方向のベクトルとなる（図3・9）．

運動量 $p = mv$ と，運動エネルギー $K = \frac{1}{2}mv^2$ の違いに注意しよう．運動量がベクトルであるのに対して，運動エネルギーはスカラーである．

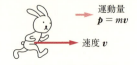

図3・9 速度と運動量

例題 3・7 体重 60 kg の人が速さ 10 km/h で走っている．このときの運動量の大きさを求めよ．

解 速さの単位を km/h から m/s に換算して運動量を計算することに注意しよう．
$$v = 10 \text{ km/h} = \frac{10 \times 10^3}{60 \times 60} \text{ m/s}$$

(3・14)式より，運動量の大きさは以下となる．
$$mv = 60 \text{ kg} \times \frac{10 \times 10^3}{60 \times 60} \text{ m/s} = 1.7 \times 10^2 \text{ kg·m/s}$$

復習 3・2 物体 A と物体 B について，次の条件をそれぞれ満たすような物体の質量と速度を求めよ．
1) 物体 A と物体 B の運動エネルギーは等しいが，運動量が異なる．
2) 物体 A と物体 B の運動量が同じだが，運動エネルギーが異なる．

3・3・2 力　積

運動量に含まれる速度は，外から力を加えると変化する．このことを運動方程式 $ma = F$ から考えてみよう．加速度 $a = dv/dt$ より，$m(dv/dt) = F$ である．運動量 $p = mv$ より，質量が変化しない場合，運動方程式は

$$\frac{d\boldsymbol{p}}{dt} = \boldsymbol{F} \qquad (3・18)$$

と変形できる．これを t で積分すると

$$\boldsymbol{p} = \int \boldsymbol{F} \, dt$$

となる．

短い時間 Δt ならば，力 $\boldsymbol{F}$ は一定であると考えられるので，運動量の変化 $\Delta \boldsymbol{p}$ は

$$\Delta \boldsymbol{p} = \boldsymbol{F} \Delta t \qquad (3・19)$$

となる．つまり，運動量の変化が力と時間の積に等しい．このように，時間 Δt の

3・3 運動量と力積

間に力 F を及ぼすとき,$F\Delta t$ を**力積**とよぶ.速度 v で運動している物体が,力 F を時間 Δt の間に受けて速度 v' になったとすると

$$mv' - mv = F\Delta t \tag{3・20}$$

となる.この式で速度 v, v',力 F はベクトルであることに注意しよう.

図 3・10(a) のように,速度 v で飛んできたボール(質量 m)をバットで打ったところ,速度 v' で飛んでいった.このときバットがボールに加えた力積は,図 3・10(b) および (3・20)式に示すベクトルになる.

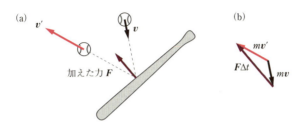

図 3・10 力 積 (a) バットでボールを打ったときの速度変化と力,(b) そのときの力積(ベクトル)

例題 3・8 質量 144 g の野球ボールをバットで打つ.ボールがバットに垂直に当たり,打ち返された直後もバットに垂直に飛ぶと仮定する.バットに当たる直前のボールの速さは 120 km/h,当たった直後は 140 km/h だった.バットがボールに与えた力積を求めよ.また,バットがボールに力を加えていた時間が 1.00×10^{-3} 秒であるとき,力の大きさを求めよ.

解 力積は運動量変化に等しいので

$$0.144 \text{ kg} \times \frac{(120+140)\times 10^3 \text{ m}}{60\times 60 \text{ s}} = 10.4 \text{ kg·m/s}$$

となる.力の大きさは,力を加えていた時間で割ると,1.04×10^4 N である.

3・3・3 運動量保存則

二つの物体が衝突する場合を考えてみよう.物体 1 と物体 2 の質量を m_1, m_2,衝突前の速度を v_1, v_2,衝突後の速度を v_1', v_2' とする.衝突する時間 Δt の間に物体 2 が物体 1 に及ぼす力を F とすると,作用・反作用の法則(第 1 章)により,物体 1 が物体 2 に及ぼす力は向きが逆になり,$-F$ である.それぞれの物体の運動量変化は,(3・20)式より

物体1: $m_1\boldsymbol{v}_1' - m_1\boldsymbol{v}_1 = \boldsymbol{F}\Delta t$　　　　(3・21)

物体2: $m_2\boldsymbol{v}_2' - m_2\boldsymbol{v}_2 = -\boldsymbol{F}\Delta t$　　　(3・22)

である．2式を加えると，右辺の力積 $\boldsymbol{F}\Delta t$ は打ち消され

$$m_1\boldsymbol{v}_1' - m_1\boldsymbol{v}_1 + m_2\boldsymbol{v}_2' - m_2\boldsymbol{v}_2 = 0 \quad (3・23)$$

となる．衝突前の項と衝突後の項をまとめると

$$m_1\boldsymbol{v}_1 + m_2\boldsymbol{v}_2 = m_1\boldsymbol{v}_1' + m_2\boldsymbol{v}_2' \quad (3・24)$$

となる．外力がはたらかない場合，衝突前の運動量と衝突後の運動量が同じであることがわかる．これを**運動量保存則**とよぶ．

運動量保存則: 外力がはたらかない場合は，粒子系の運動量は保存する．

ここで"保存する"とは，時間が経っても一定であることを意味している．

例題3・9　1.0 m/s の速さで運動している質量 2.0 kg の物体が，静止している質量 3.0 kg の物体にぶつかった．二つの物体が衝突後は接したまま動くとき，衝突後の速さを求めよ．

解　運動量保存則より，$m_1=2.0$ kg, $m_2=3.0$ kg, $v_1=1.0$ m/s, $v_2=0$ m/s, $v_1'=v_2'$ とすると

$$(2.0\,\text{kg} \times 1.0\,\text{m/s}) + (3.0\,\text{kg} \times 0\,\text{m/s}) = (2.0\,\text{kg} + 3.0\,\text{kg}) \times v_1'$$

より，$v_1'=0.4$ m/s になる．

3・3・4　反発係数

ボールを床に弾ませるとき，同じ速度で床に当たっても，ボールの材質によって，跳ね返りの速度が異なる(図3・11)．衝突前と衝突後の速度の床に垂直な成分の大きさをそれぞれ v, v' とするとき，**反発係数** e を次のように定義する．

$$e = \frac{v'}{v} \quad (3・25)$$

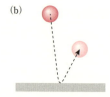

図3・11　(a) テニスボールとピンポン玉，(b) ボールの跳ね返り

例題 3・10 ボールを壁に対して垂直にぶつけたところ，衝突直前の速さが 10 m/s，衝突直後の速さが 6.0 m/s であった．ボールの壁に対する反発係数を求めよ．
解 $e=v'/v$ に $v=10\,\mathrm{m/s}$，$v'=6.0\,\mathrm{m/s}$ を代入すると，反発係数 $e=0.60$ になる．

まとめ 3・3
- 速度 v で運動している質量 m の物体の運動量 $\boldsymbol{p}$ は，$\boldsymbol{p}=m\boldsymbol{v}$ である．
- 時間 Δt の間に力 $\boldsymbol{F}$ を及ぼすとき，$\boldsymbol{F}\Delta t$ を力積とよぶ．
- 運動量の変化は力積に等しい．
- 反発係数は物体や床の材質によって異なる．

3・4 力のモーメントと角運動量
3・4・1 力のモーメント

図 3・12 のようなシーソーのつり合いを考えてみよう．同じ体重の人が支点から同じ距離に乗っているときはつり合う（図 a）．異なる体重の人が支点から同じ距離に乗っていれば，重い人のいる側が下がる（図 b）．2 人の体重が同じでも，支点からの距離が異なれば，支点からの距離が長い側が下がる（図 c）．つまりシーソーが下がるかどうかは，質量と支点からの距離の両方が関係している．

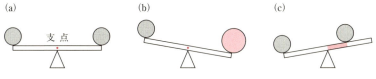

図 3・12 シーソーのつり合い

また，図 3・13 のように，シーソーに対して斜めに力 $\boldsymbol{F}$ を加えた場合，シーソーに対して垂直な成分 $F\sin\theta$ のみがシーソーの回転に関係している．そこで，力の大きさ F，支点からの距離 r で，支点から力を加える点までのベクトルと力のなす角 θ を用いて，**力のモーメント**の大きさを次のように定義する．

$$N = rF\sin\theta \tag{3・26}$$

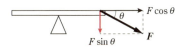

図 3・13 シーソーに垂直な成分（→）のみが回転と関係している

数学 **3・3 ベクトルの外積（ベクトル積）**

二つのベクトル a と b の外積（ベクトル積ともいう）$a \times b$ は，図3・14のように二つのベクトルがなす角が θ のとき，大きさが

$$|a \times b| = |a||b||\sin\theta| \tag{1}$$

であり，ベクトル a と b に垂直である．向きは，図3・15のように a から b の方向に右ねじを回転させて締める際に，ねじが進む向きである．これを"右ねじが締まる向き"とよぶことがある．ペットボトルのふたや，ボールペンのねじを締める方向と同じである．

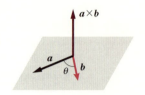

図3・14 外積

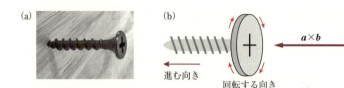

図3・15 右ねじ　(a) ねじを締めるときの右ねじの回転 ⟶ と進む向き ⟶
(b) ベクトルの外積 ⟶ の向き

二つのベクトルの成分 $a=(a_1, a_2, a_3)$，$b=(b_1, b_2, b_3)$ で外積を書くと

$$a \times b = (a_2 b_3 - a_3 b_2,\ a_3 b_1 - a_1 b_3,\ a_1 b_2 - a_2 b_1) \tag{2}$$

である．また，内積の場合は，$a \cdot b = b \cdot a$（a と b を入替えても結果は同じ）だが，外積の場合は a と b が入替えると符号が変わることに気をつけよう．

$$a \times b = -b \times a \tag{3}$$

特に $a \times a = 0$ となる．また，外積の微分に関して，次の式が成立する．

$$\frac{d}{dx}(a \times b) = \left(\frac{da}{dx} \times b\right) + \left(a \times \frac{db}{dx}\right) \tag{4}$$

例題3・11 x, y, z 方向の単位ベクトル $e_x=(1,0,0)$，$e_y=(0,1,0)$，$e_z=(0,0,1)$ に対して $e_x \times e_y = e_z$ であることを，成分の計算によって示せ．

解 $e_x \times e_y = (0 \cdot 0 - 0 \cdot 1,\ 0 \cdot 0 - 1 \cdot 0,\ 1 \cdot 1 - 0 \cdot 0) = (0, 0, 1)$

復習3・3 二つのベクトル $a=(1,2,3)$，$b=(4,5,6)$ の内積 $a \cdot b$ と外積 $a \times b$ を求めよ．

さらに，力のモーメントを外積(数学コラム 3・3)を用いて定義する．図 3・16 のように，ある点 O から力を加える物体までのベクトルを r，物体にかける力を F とするとき，点 O のまわりの力のモーメントのベクトル N を次のように定義する．

$$N = r \times F \tag{3・27}$$

図 3・17 のように机の上でペンを回転させる場合を考えてみよう．上から見て，反時計回りにペンを回転させている．力のベクトル F および重心から力がかかる点までのベクトル r は，机の面上にある．したがって，力のモーメントは机に垂直に上向きになる．逆方向に回転させると，力のモーメントは机の表面に対して下向きになる．このように力のモーメントのベクトルから，回転軸と回転の向きも知ることができる．

図 3・16　力のモーメントのベクトル

3・4・2　角 運 動 量

図 3・17 のようにペンを回すとき，力が大きいと回転が速くなる．このような回転の勢いを表す量を考えよう．

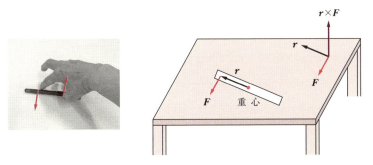

図 3・17　机の上でペンを回転させる

質量 m の物体が，原点 O からベクトル r の位置にあり，速度 v で運動しているとする(図 3・18)．このとき，物体の点 O のまわりの**角運動量**は次式のようになる．

$$L = mr \times v \qquad (3 \cdot 28)$$

角運動量を大きくするには，質量を大きくする，速度を大きくする，点 O からの距離を長くする，あるいは r と v の角度を $90°$ にすればよいことがわかる．

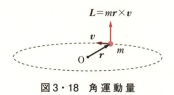

図 3・18 角運動量

力のモーメント N を物体にかけると，物体の角運動量 L が変化する．N と L には，次の関係がある（式の導出は，例題 3・13 に示す）．

$$\frac{dL}{dt} = N \qquad (3 \cdot 29)$$

例題 3・12 質量 m の物体が等速円運動をしている場合，円の中心を O，円の半径を a，物体の速さを v として，O のまわりの物体の角運動量ベクトルの大きさを求めよ．
　解　円運動では，速度は半径に垂直になる．よって，角運動量の大きさは $L = mav$ となる．

例題 3・13 角運動量 $L = mr \times v$ を微分し，運動方程式を使って $(3 \cdot 29)$ 式を示せ．
　解　$L = mr \times v$ の両辺を時間 t で微分する．

$$\frac{dL}{dt} = \frac{d}{dt}(mr \times v) = m\frac{d}{dt}(r \times v) = m\left(\frac{dr}{dt} \times v + r \times \frac{dv}{dt}\right)$$

右辺の（　）中の第一項は $dr/dt = v$ より，$v \times v = 0$．第二項は，$dv/dt = a$ より

$$\frac{dL}{dt} = mr \times a = r \times ma$$

になる．運動方程式 $ma = F$ を代入すると

$$\frac{dL}{dt} = r \times F = N$$

となり，$(3 \cdot 29)$ 式が得られる．

> **まとめ 3・4**
> - 力のモーメント N は，力のベクトルを F，支点から力を加える点までのベクトルを r として，$N = r \times F$ で表される．
> - ある点Oのまわりの物体の角運動量 L は，物体の質量を m，速度を v，点Oから物体までのベクトルを r として，$L = mr \times v$ で表される．
> - 物体に力のモーメントを加えると，角運動量が変化する．

演習問題

3・1 高さ h_1 の位置において，ボールから手を静かに放し，床に落下させた．このボールは床で跳ね返った後，高さ h_2 の位置まで上昇した．ボールと床の反発係数を e とするとき，e を h_1 と h_2 を使って表せ．ただし，空気抵抗を無視してよい．

3・2 図3・19(a)のように，水平面上を物体が滑っている．A点での速さは v_0 であった．物体はだんだん遅くなり，B点で止まった．A点とB点の距離を d，平面と物体の動摩擦係数を μ' として，以下の 1)〜4) に答えよ．
1) 滑っているときの物体にはたらく力をすべて書け．図3・19(b)をノートに描いてから，力を書き込むこと．
2) 物体がA点からB点まで動く間に，物体にはたらく力がそれぞれ物体にする仕事を求めよ．
3) A点における物体の運動エネルギーを，d を使って表せ．
4) A点とB点の力学的エネルギーはどちらがどのくらい大きいか．その理由も述べよ．

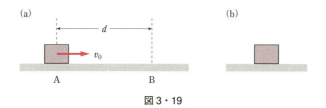

図3・19

3・3 地球や火星の公転(太陽のまわりを回ること)について考える．地球に対して火星の質量は 0.107 倍，太陽までの距離は 1.52 倍，公転の速度は 0.809 倍である．火星の公転の角運動量は，地球の公転の角運動量の何倍か求めよ．地球や火星の公転を円運動と仮定してよい．

応用問題

3・4 2種類以上のボールを入手して，反発係数を測定せよ．

3・5 好きなスポーツを選び，運動量または運動エネルギーの観点から分析せよ．

4 円運動と単振動

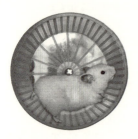

私たちの身のまわりには，回るもの（円周上を動くもの）がたくさんある．たとえばハムスターの回し車や観覧車のゴンドラがあげられる．また，振動するもの（直線上を往復する運動をするもの）もたくさんある．ばねは振動を生み出す道具であり，自転車のサドルや車のタイヤにも取付けられている．この章では，さまざまな円運動や振動を考えるための基礎となる事項を学んでいこう．

行動目標
1. 円運動と角速度の関係を説明できる．
2. 見掛けの力がなぜはたらくかを説明できる．
3. 円運動と単振動の関係を説明できる．

4・1 等速円運動

本節では，ハムスターが遊んでいる回し車や観覧車のゴンドラのような，円周上を運動する質点について考える．

4・1・1 円周上の質点の表し方

円周上の質点の位置は，2通りの方法で表すことができる．一つは，図4・1のように2次元平面上の座標 (x_1, y_1) で表現する方法である．もう一つは，円の中心と質点を結ぶ線分と x 軸とのなす角 θ（シータ）（これを中心角とよぶこととする）で表現する方法である．二つの変数で表現するより一つの方が簡単なので，以後は中心角を使って質点の位置を表すこととする．

まず中心角の表現方法を説明する．角度を表す方法はおもに二つある．一つが**度数法**，もう一つが**弧度法**である．度数法は円の中心角を360°とする測り方で，小学校で使った分度器を覚えているだろう．一方，弧度法は図4・2に示す扇形の円

弧の長さ l が半径 r の何倍になるかで角度を決める方法である．すなわち $\theta = l/r$ となる．弧度法の単位は〔rad〕(ラジアン) である．円周率を π とすれば，円周の長さ $L = 2\pi r$ であるから，円の中心角は 2π rad となる．なお，慣習として弧度法では数値に rad をつけないことが多いため，以後は rad を省略することがある．

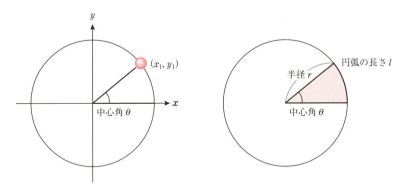

図 4・1 円周上の質点の座標　　　図 4・2 円弧と中心角

例題 4・1　度数法で表された次の角度を弧度法での表記に変換せよ．
(a) $45°$　(b) $72°$　(c) $180°$

解　度数法で表された角度 x が弧度法で表された角度 y であるとする．円の中心角は度数法で $360°$，弧度法で 2π である．これらは比例関係から

$$\frac{x}{360} = \frac{y}{2\pi}$$

$$y = \frac{\pi}{180}x$$

と表される．したがって解答は以下のとおりとなる．
(a) $\dfrac{\pi}{4}$　(b) $\dfrac{2\pi}{5}$　(c) π

復習 4・1　弧度法で示された次の角度を度数法での表記に変換せよ．
(a) $\dfrac{\pi}{10}$　(b) $\dfrac{\pi}{6}$　(c) $\dfrac{5\pi}{3}$

4・1・2　角速度と等速円運動

次に，質点が一定の速さ（速度ではない）v で円周上を運動しているときを考える．この運動を**等速円運動**とよぶ．質点が円周上を1周するのにかかる時間を**周期**（以下 T で表す）とよぶ．質点は円周を1周する間に距離 $2\pi r$ を移動する．このと

き速さは

$$v = \frac{2\pi r}{T} \quad (4 \cdot 1)$$

となる．また，質点が1周する間に中心角 θ は 2π 増加する(図 $4 \cdot 3$a)．単位時間当たりの中心角の変化を ω (オメガ)とすると

$$\omega = \frac{2\pi}{T} \quad (4 \cdot 2)$$

となる．ω を**角速度**(単位〔rad/s〕)とよぶ．$(4 \cdot 1)$式と$(4 \cdot 2)$式を比較すると

$$v = r\omega \quad (4 \cdot 3)$$

という関係があることがわかる．このように，等速円運動とは中心角 θ が単位時間当たり ω ずつ変化していく運動である．中心角 θ を時刻 t の関数で表すと

$$\theta(t) = \omega t + \theta_0 \quad (4 \cdot 4)$$

となる．$\theta_0 = 0$ の場合の θ の時間変化を図 $4 \cdot 3$ に図示する．

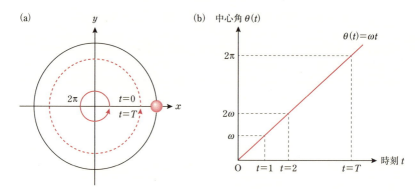

図 $4 \cdot 3$　等速円運動の中心角(a)とその時間変化(b)　$\theta_0 = 0$ の場合．

この図を見て思い出さないだろうか？ 図 $2 \cdot 4$ で取上げた等速直線運動の位置と時間の関係と同じであることに気がつくであろう．このように異なる二つの現象も，グラフ化するとよく似ていることがわかる．すると，$(4 \cdot 4)$式とどの式が似ているかも気づくであろう．これは自分で探してみよう．

$4 \cdot 1 \cdot 3$　等速円運動の速度・加速度

次はいよいよ等速円運動する質点の運動を考える．はじめに質点の速度を考えよう．前項で述べたように"等速"円運動している質点の速さは一定であるが，常に

向きが変わっているため速度は一定ではない（速さはスカラーであり，速度はベクトルだからである）．図4・4に示す半径 r の円周上を角速度 ω で等速円運動する質点を考える．円周上の点Pを通って非常に短い時間 Δt 後に点Qを通り，さらに Δt 後に点Rを通ったとする．このとき，PからRへの変位ベクトル $\bm{r}_{\mathrm{PR}}$ は半径OQに対して垂直である．時間 Δt をどんどん短くしていくと，点PとRは点Qに近づき，点Qでの質点の速度ベクトル $\bm{v}_{\mathrm{Q}}$ は

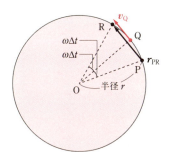

図4・4　等速円運動する質点

$$\bm{v}_{\mathrm{Q}} = \frac{\bm{r}_{\mathrm{PR}}}{2\Delta t} \qquad (4\cdot5)$$

と表される．$\bm{r}_{\mathrm{PR}}$ は半径OQに垂直なので $\bm{v}_{\mathrm{Q}}$ も半径OQに垂直，すなわち円の接線方向を向いていることがわかる．また，時間 Δt を短くすると $\bm{r}_{\mathrm{PR}}$ の大きさは円弧PQRの長さに近づく．すなわち

$$|\bm{r}_{\mathrm{PR}}| = \widehat{\mathrm{PQR}} = 2r\omega\Delta t$$

となるから

発展　角速度ベクトル

　角速度 ω には正負があり，さらにベクトルでもある．では角速度ベクトルを使って回転運動を表現するにはどうすればよいだろうか．回転運動をしている面を定義するには，面に垂直な法線ベクトルを考えればよい．つまり法線ベクトルに平行に角速度ベクトルを決める．次に，角速度ベクトルの向きを考えるために，図4・5のように右手の親指，人差し指，中指が互いに直交するように広げよう．質点が親指（x 軸）から人差し指（y 軸）の向き（反時計回り）に回転するときを角速度 $\omega > 0$ と定義する（右手系での定義．右手系については§1・1・1を参照）．さらにベクトルとして考える場合は，中指（z 軸）の向きを角速度ベクトルの向きとして考える．すなわち，角速度ベクトルは成分で表すと $(0, 0, \omega)$ となる．もし，逆向きに同じ速さで回転すると，角速度ベクトルは $(0, 0, -\omega)$ となる．

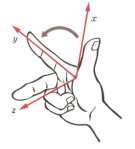

図4・5　回転の向きと角速度ベクトル

$$|\boldsymbol{v}_Q| = \frac{|\boldsymbol{r}_{PR}|}{2\Delta t} = r\omega$$

となり，(4・3)式と一致する．

次に，質点の加速度を考える．加速度は単位時間当たりの速度の変化なので，図4・5の点P，Q，Rでの速度の変化を考えよう．

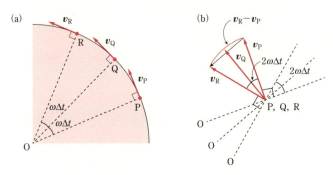

図4・6　円周上の点P，Q，Rでの速度とその変化

図4・6(a)に3点周辺の拡大図を示す．このとき円の中心Oとなす角は∠POQ＝∠QOR＝$\omega\Delta t$となる．図(b)には点P，Q，Rが重なるように平行移動した図を示す．二つの速度ベクトル$\boldsymbol{v}_P$と$\boldsymbol{v}_R$のなす角が$2\omega\Delta t$であることがわかる．時間Δtをどんどん短くしていくと，図(a)では点P，Rは点Qにどんどん近づいていき，図(b)では速度ベクトル$\boldsymbol{v}_P$と$\boldsymbol{v}_R$は$\boldsymbol{v}_Q$に近づいていく．その結果，速度の変化$\boldsymbol{v}_R-\boldsymbol{v}_P$は$\boldsymbol{v}_P$，$\boldsymbol{v}_R$の終点(矢印の先端)が描く円弧に近づいていくため

$$|\boldsymbol{v}_R - \boldsymbol{v}_P| = |\boldsymbol{v}_Q| \times 2\omega\Delta t = 2r\omega^2\Delta t \tag{4・6}$$

となる．点Qでの加速度を$\boldsymbol{a}_Q$とすると，単位時間当たりの速度の変化なので

$$\boldsymbol{a}_Q = \frac{\boldsymbol{v}_R - \boldsymbol{v}_P}{2\Delta t} \tag{4・7}$$

となる．さらにその大きさ$|\boldsymbol{a}_Q|$は

$$|\boldsymbol{a}_Q| = \frac{|\boldsymbol{v}_R - \boldsymbol{v}_P|}{2\Delta t} = r\omega^2 \tag{4・8}$$

となる．(4・7)式から加速度ベクトル$\boldsymbol{a}_Q$の向きは$\boldsymbol{v}_R-\boldsymbol{v}_P$に平行，すなわち$\boldsymbol{v}_Q$に垂直であり，常に円の中心を向いていることになる．よって，質点の質量をmとすると，運動方程式(1・10式)から質点には円の中心に向かって大きさ$mr\omega^2$の力がはたらいていることがわかる．この力を**向心力**とよぶ．

復習 4・2 角速度 $\frac{\pi}{2}$ [rad/s] で等速円運動する質点がある．この質点の運動の周期を求めよ．

復習 4・3 質量 10.0 g の質点を軽いひもの先端に結びつけ，半径 50.0 cm の円を描くように回す．このとき，質点は周期 5.00 s で等速円運動している．質点にはたらく力の大きさを求めよ．円周率は 3.14 とする．

> **まとめ 4・1**
> 等速円運動している質点の運動は
> - 常に円の接線方向に一定の大きさ $r\omega$ の速度をもっている．
> - 常に円の中心に向かって大きさ $r\omega^2$ の加速度をもっている．
> - 常に円の中心に向かって大きさ $mr\omega^2$ の力(向心力)がはたらいている．

4・2 慣 性 力

前節では，等速円運動している質点の運動を考え，質点には向心力がはたらいていることを明らかにした．"えっ"って思った人，"遊園地のコーヒーカップに乗ると外側に引張られるぞ"という疑問をもった人，鋭い疑問である．本節ではその疑問について考えていこう．

4・2・1 直 線 運 動

円運動を考える前に，より単純な直線運動を考えることとしよう．静止しているエレベーターに乗っている観測者 B が，質量 m の荷物を手にのせている．これを外から観測者 A が見ているとする(図 4・7a)．このとき，荷物には重力 mg(g は重力加速度)と観測者 B からの垂直抗力 N がはたらいていて，この二つの力はつり合っている．すなわち次式のように表せる．

$$0 = N + mg \tag{4・9}$$

エレベーターが加速度 a で上昇を始めた(図 4・7b)．このとき観測者 A からは，荷物も鉛直上向きに加速度運動しているように見える．これは荷物にはたらく垂直抗力が $N \to N_1$ に変わったためであり，このときの運動方程式は

$$ma = N_1 + mg \tag{4・10}$$

と表せる．

一方，観測者 B にとって，荷物は相変わらず静止したままである．したがって，観測者 B から見た荷物には新しい力 f がはたらき，運動方程式は次のようになる．

$$m \times 0 = N_1 + mg + f \tag{4・11}$$

(4・10)式と(4・11)式を比べると

$$f = -ma \qquad (4\cdot12)$$

となることがわかる．これが**慣性力**である．さらに(4・9)式と(4・10)式から

$$N_1 = N + ma$$

であることがわかる．すなわち，観測者Bは静止しているときに荷物を支えていた力 N が，エレベーターが動き始めた途端 $N_1 = N + ma$ に増えたように感じるのである．皆さんもエレベーターに乗ったとき，動き始めに床に押付けられるように感じたり，停止しようとするときに体が浮き上がるように感じたことがあるであろう．その正体がこの"慣性力"である．

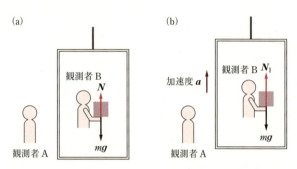

図4・7 (a) 静止したエレベーターの中の荷物にはたらく力
(b) 加速度運動するエレベーターの中の荷物にはたらく力

なぜ慣性力がはたらくのか？ §1・4・1で学んだ**慣性の法則**をもう一度思い出してみよう．

慣性の法則：物体に対して力がはたらかないときは，静止している物体は静止し続け，運動している物体は等速直線運動をし続ける．

エレベーターの例では，はじめ荷物は静止していた．したがって，荷物は"静止し続けよう"とする．たとえエレベーターが動き出そうとしても，荷物は"静止し続けたい"のである．したがって，エレベーターが動き出そうとすることに対抗して逆向きの見掛けの力がはたらいているように観測者Bには見える．

(4・10)式と(4・11)式を見比べると，(4・11)式は(4・10)式の左辺を右辺に移項しただけで同じ式のように見える．しかし，上記のような葛藤の末のできごとを数式で記述した結果であり，ただ単に"移項しただけ"ではない意味があるのである．

ここまでをまとめてみよう．これまで，直線上の運動を異なる立場の観測者の視点(観測系)で比較した．観測者Aのように，加速直線運動する物体とは独立に静

止したままの立場のことを**慣性系**とよぶ．なお，等速直線運動している場合も慣性系である．すなわち，速度の変化がない状態が慣性系であり，静止状態は等速度運動の一つの状態である．速度変化のない慣性系では慣性力ははたらかない．一方，観測者Bのように，加速度運動をする物体と一体となって運動しながら観測する立場を**非慣性系**とよぶ．非慣性系にいる観測者Bから見ると，物体（荷物）には慣性系（観測者A）から見た非慣性系（観測者B）の加速度 a とは逆向きに，荷物の質量と加速度の積に負の符号をつけた慣性力 $-ma$ がはたらいているように見える．

例題4・2 Bさんは質量1.8 kgの荷物を持ってエレベーターに乗込んだ．エレベーターは一定の加速度 0.20 m/s² で降下した．このときBさんから見た荷物にはたらく慣性力を求めよ．

解 慣性力の大きさは観測者（Bさん）の加速度の大きさと物体（荷物）の質量の積で表される．したがって，1.8×0.20＝0.36 N となる．慣性力の向きは観測者の加速度と逆向きなので，鉛直上向きである．よって，慣性力は鉛直上向きに 0.36 N である．

4・2・2 等速円運動

次に等速円運動について考えてみよう．張力 T を受けて円盤上で等速円運動している物体，外から静止したまま見ている観測者C，物体と一緒に運動している観測者Dを考える（図4・8）．観測者Cから見た物体の運動方程式は次のとおりである．

$$ma = T = -mr\omega^2 u \quad (4 \cdot 13)$$

ここで m は物体の質量，a は物体の加速度，r は円の半径，ω は角速度の大きさ，u は常に円の中心から物体を向いている長さ1のベクトル（**単位ベクトル**）である．この場合，張力 T が向心力になっている．また右辺の負の符号は，力が常に中心を向いていることを示す．

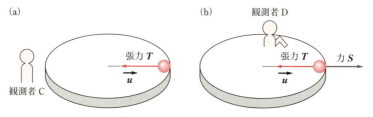

図4・8 (a) 等速円運動している物体と観測者Cから見た運動
(b) 等速円運動している物体と観測者Dから見た運動

一方, 観測者 D から物体を見ると常に静止している. すなわち力はつり合っているように見えるのである. つまり張力 T と同じ大きさで反対向きの力 S がはたらいてつり合っているように見える (図 4・8b).

$$m \times 0 = T + S \tag{4・14}$$

この力 S が遠心力である. 遠心力は慣性力の一つである. 前の 2 式から遠心力 S は

$$S = -ma \tag{4・15}$$

であり, 直線運動の場合と同じく, 慣性系 (観測者 C) から見た非慣性系 (観測者 D) の加速度と物体の質量との積に負の符号をつけたものになっている.

さて, 本節の冒頭で述べた"コーヒーカップに乗ると外側に引張られるぞ"という疑問について考えよう. 外側に引張られると感じるのは, あなたがコーヒーカップに乗って一緒に回転しているからである. すなわち, あなたは"非慣性系"の観測者なのである. あなたには慣性力である遠心力がはたらくため, 外側へ引張られるように感じる. 一方, コーヒーカップの外側で静止している"慣性系"にいるあなたの友人には, コーヒーカップの縁があなたを押す力が向心力となって, 回転運動しているように見える.

例題 4・3 体重 50.0 kg の D さんがメリーゴーラウンドに乗った. メリーゴーラウンドの中心から D さんが乗った木馬までの距離は 5.0 m, 木馬が 1 周するのに 100.0 s かかった. このとき, D さんが感じる遠心力の大きさを求めよ. 円周率は 3.14 とする.

解 木馬が 1 周するのに 100.0 s かかったので, このメリーゴーラウンドの角速度は (4・2) 式より

$$\frac{2 \times 3.14}{100.0} = 0.0628 \text{ rad/s}$$

である. したがって遠心力の大きさは (4・13) 式より

$$50.0 \text{ kg} \times 5.0 \text{ m} \times (0.0628 \text{ rad/s})^2 = 0.986 ≒ 0.99 \text{ N}$$

である.

復習 4・4 B さんが質量 2.4 kg の荷物を持って電車に乗っている. 駅に停車していた電車が東向きに等加速度 0.50 m/s² で発車した. このとき B さんから見た荷物にはたらいている慣性力を求めよ.

> **まとめ 4・2**
> - 観測系には慣性系と非慣性系がある.
> - 慣性系は等速度運動(静止状態も含む)している観測者から見た系である.
> - 非慣性系は加速度運動している観測者から見た系である.
> - 非慣性系では,見掛けの力"慣性力"がはたらくように見える.
> - 慣性力は,慣性系から見た非慣性系の加速度と物体の質量の積に負の符号をつけたもので表される.

4・3 単 振 動

質点がある点のまわりで往復運動することを**振動**とよぶ.ここでは,最も基本となる**単振動**について見ていこう.

4・3・1 等速円運動と単振動

等速円運動している質点を,その運動面の横から見るとどう見えるだろうか.質点は円の中心を中心として直線上を行ったり来たりする往復運動しているように見える.そこで,この往復運動を式で考えることとする.

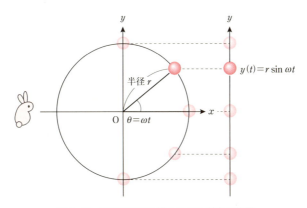

図4・9 等速円運動を横から見た質点の位置

x-y 2次元平面上で等速円運動する質点を考える.図4・9に示すように,運動の中心を原点 O,円の半径を r,時刻 0 での位置を x 軸上とする.時刻 t における物体の位置を P(t) とし,線分 OP(t) と x 軸のなす角を $\theta(t)$ とする.ここで,等速円運動の角速度の大きさを ω とすると

$$\theta(t) = \omega t$$

となる.したがって P(t) の座標は
$$P(t) = (r\cos\omega t,\ r\sin\omega t)$$
と表せる.

さて,等速円運動している質点を,その運動面の横から見たときの位置,速度,質点にはたらく力を式で表すと,どうなるかを考えてみよう.横(x-y 2次元平面上の y 軸に平行な側)から見たとき,この質点の位置 $y(t)$ は P(t) の y 座標として観測される.

$$y(t) = r\sin\omega t \tag{4・16}$$

次に横から見た質点の速度はどう表されるだろうか.§4・1で示したとおり,

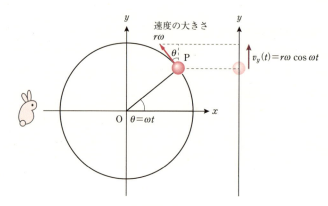

図4・10 等速円運動を横から見た質点の速度

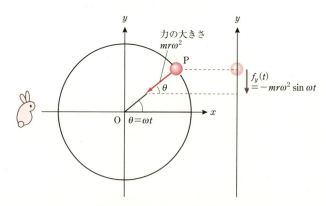

図4・11 等速円運動を横から見た質点にはたらく力

数学 4・1 三角関数

第1章では三角比について述べた．三角比は直角三角形に対して定義されるので，$0 < \theta < \frac{\pi}{2}$ の範囲で考えられている．これを θ がどんな値でも定義できるように拡張したのが**三角関数**である．図 4・12 を見てみよう．x-y 2次元平面上の第一象限にある点 $\mathrm{P}(x_p, y_p)$ は，原点 O から点 P までの距離を r_p，OP と x 軸のなす角を θ_p とすると，三角比の定義から $(r_p \cos \theta_p, r_p \sin \theta_p)$ と表せる．同様に第二象限にある点 Q を考え，その座標を $(r_q \cos \theta_q, r_q \sin \theta_q)$ と表す．θ_q は鈍角であるから三角比としては扱えないが，平面上の点の座標と三角関数を対応させることで，拡張して考えることができる．こうすれば，角度が π を超えた（もはや三角形をつくれない）場合や負の場合も考えることができる．このようにして三角関数はすべての実数に対して定義できる（$\tan \pm \frac{\pi}{2}$ を除く）．

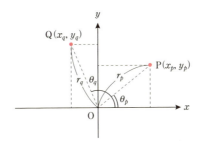

図 4・12　2 次元平面上の点とその座標

例題 4・4 点 $\mathrm{A}(2r_p \cos (\theta_p + \pi), 2r_p \sin (\theta_p + \pi))$ を図 4・12 上に示せ．

解

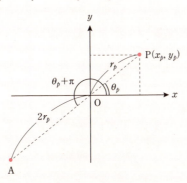

復習 4・5 点 $\mathrm{B}\left(2 \cos\left(-\frac{\pi}{5}\right), 2 \sin\left(-\frac{\pi}{5}\right)\right)$ を図示せよ．

等速円運動している質点の速度は円の接線方向を向いており，その大きさは $r\omega$ である．横から見た場合，速度の y 成分 $v_y(t)$ が観測される．図 4・10 から，次式のようになる．

$$v_y(t) = r\omega \cos \omega t \tag{4・17}$$

さらに横から見た質点にはたらく力を考えてみよう（図 4・11）．§4・1 で示したとおり，等速円運動している質点にはたらく力（向心力）は円の中心を向いており，その大きさは $mr\omega^2$ である．ここで，m は質点の質量である．横から見た場合，向心力の y 成分 $f_y(t)$ が観測される．すなわち

$$f_y(t) = -mr\omega^2 \sin \omega t \tag{4・18}$$

となる．負の符号がつくことに注意してほしい．

さて，ここで(4・16)式と(4・18)式を比べて，両式右辺の時間に関係する部分が共通であることに注目しよう．両式から $\sin \omega t$ を消去すると，向心力 $f_y(t)$ と位置 $y(t)$ との間に以下の関係があることがわかる．

$$f_y(t) = -m\omega^2 y(t) \tag{4・19}$$

(4・19)式の右辺係数 $-m\omega^2$ は必ず負である．したがって，この運動は中心からの質点の変位に比例して変位の逆向きに力を受けている（図 4・13）．すなわち，質

図 4・13 単振動する質点とはたらく力

数 学 **4・2 単振動の運動方程式**

(4・16)式の両辺を時間 t で微分すると

$$\frac{dy}{dt} = r\omega \cos \omega t \tag{1}$$

となり，(4・17)式が導かれる．位置の単位時間当たりの変化が速度であることからも理解できよう．さらに(1)式を時間 t で微分すると

$$\frac{d^2 y}{dt^2} = -r\omega^2 \sin \omega t \tag{2}$$

となり，さらに両辺に質量 m を掛けると，(4・18)式になる．(2)式は速度の単位時間当たりの変化，すなわち加速度を求めたことになる．これに質量を掛ければ力になる．したがって，(4・18)式は単振動する質点の運動方程式を表したものである．

点が中心 O から右へ動けば動くほど左向きに大きな力がはたらき，左へ動けば逆に右向きの引戻す力がはたらく．このような運動を**単振動**(または**調和振動**)とよぶ．

4・3・2 単振動を表す物理量

これまでに単振動が，等速円運動を横から見た運動と同じであること，単振動する質点の位置，速度，運動方程式を数式で表せることを見てきた．これらの式を再度以下に示す．ただし，変数を適宜置き替えた．

$$\text{位置} \quad x(t) = A \sin \omega t \tag{4・20}$$

$$\text{速度} \quad v(t) = A\omega \cos \omega t \tag{4・21}$$

$$\text{力} \quad F(t) = -mA\omega^2 \sin \omega t = -m\omega^2 x(t) \tag{4・22}$$

(4・20)式で表される質点の位置の時間変化をグラフにすると，図 4・14 のようになる．

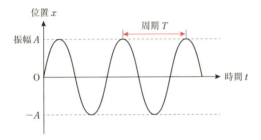

図 4・14 単振動する質点の位置の時間変化

図 4・14 で，位置 $x(t)$ は $-A$ から A の範囲で変化する．すなわち，A は質点の中心からの最大移動距離を表している．これを**振幅**とよぶ．同じく図 4・14 で，山から山までの時間 T を**周期**とよぶ．時間 T の間に質点は 1 往復分移動する．

(4・20)式の三角関数の変数部分 ωt を**位相**とよぶ．位相は運動状態を示す物理量であり，単位は〔rad〕である．ω は**角振動数**とよばれ(円運動では角速度とよぶ)，単位は〔rad/s〕である．位相が 2π 変化すると質点の運動状態はもとに戻る．円運動で 1 周回った状態に対応している．すなわち時間 T の間に位相は 2π 変化することになるので

$$\omega T = 2\pi \tag{4・23}$$

の関係が成り立つ．単位時間当たりの振動回数は**振動数** f とよばれ，単位は〔Hz〕(ヘルツ)である．1 s の間に f 回振動，すなわち位相が $2\pi f$ 変化するので

$$\omega \times 1 = 2\pi f \qquad (4 \cdot 24)$$

の関係が成り立つ．(4・23)式と(4・24)式から

$$Tf = 1 \qquad (4 \cdot 25)$$

であることがわかる．

4・3・3　ばね振り子

ばねにつながれた質点を**ばね振り子**とよぶ．図4・15(a)のように，ばね振り子が水平で滑らかな床の上に置かれている．図4・15(b)のように，この質点を右方向にばねを伸ばすように引張ると，ばねは左向きに質点を引張る．自然の長さからの変位を x とし，ばねが質点に及ぼす力の大きさが x の大きさに比例すると仮定すると

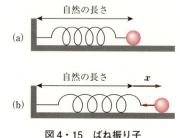

図4・15　ばね振り子

$$f = -kx \qquad (4 \cdot 26)$$

と表せる．ここで，f はばねが及ぼす力である．k は**ばね定数**とよばれ，ばねの性質を表す正の定数である．質点には f 以外に水平方向の力がはたらかないので，この式からばねにつながれた質点は単振動することがわかる．(4・22)式と(4・26)式を比べると

$$k = m\omega^2 \qquad (4 \cdot 27)$$

であることがわかる．さらに(4・23)式から

$$T = \frac{2\pi}{\omega} = 2\pi\sqrt{\frac{m}{k}} \qquad (4 \cdot 28)$$

となり，周期が質点の質量とばね定数だけで決まり，振幅に関係しないことがわかる．

例題 4・5　ばね定数が 0.400 N/m のばねにつながれた質量 0.100 kg の質点があり，図4・15のように，水平で滑らかな床に置かれている．この質点を単振動させたときの周期を求めよ．円周率は 3.14 とする．

解　(4・28)式より，周期は $2 \times 3.14 \times \sqrt{0.100/0.400} = 3.14$ s となる．

復習 4・6　例題 4・5 で，ばね定数が異なるばねに変更して質点の運動を観測したところ，周期が 6.28 s になった．このときのばねのばね定数を求めよ．

> **まとめ 4・3**
> - 単振動とは，等速円運動する物体を横から見た運動である．
> - 単振動する物体には，変位に比例する大きさで，変位と反対向きの力がはたらく．

演習問題

4・1 Bさんが質量 1.80 kg の荷物を持ってエレベーターに乗込んだ．エレベーターは一定の加速度 0.200 m/s² で降下した．このとき，ばねばかり式のはかりで荷物の質量を測ったときの測定値を求めよ．さらに，天秤ばかり式のはかりで荷物の質量を測ったときの測定値を求めよ．重力加速度の大きさは $g = 9.81$ m/s² とする．

4・2 体重 50.0 g のハムスターが回し車を回している．あるとき，回し車の中で転んで，回し車と一緒に等速円運動を始めた．回し車の半径を 10.0 cm，ハムスターが 1 周回るのに 2.50 s かかったとする．ハムスターが回転の最高点および最低点で感じる合力の大きさを求めよ．ただし，ハムスターの大きさは考えず，質点として扱うものとする．重力加速度の大きさを 9.81 m/s²，円周率を 3.14 とする．

4・3 角速度の大きさ 2.5π rad/s で水平面内で等速円運動する質点がある．
 1) この質点が 1 周するのにかかる時間を求めよ．
 2) 円運動の半径が 5.0 m である場合，この質点の速さを求めよ．

4・4 陸上選手Aがハンマー投げに挑戦している．投げ出した瞬間のハンマーの速さが 6.4 m/s であった．選手Aの回転中心からハンマーまでの距離（手とワイヤーを合わせた距離）が 1.6 m である場合，投げ出される瞬間のハンマーの角速度の大きさを求めよ．ただし，ハンマーは質点として扱うものとする．

4・5 自然の長さ L，ばね定数 k の軽いばねの一端に質量 m の質点を取付けた．このばねを滑らかな水平な机の上に置き，ばねのもう一方の端を中心として質点を等速円運動させた．
 1) 質点の角速度の大きさを ω として，ばねの自然長から伸びた長さ x を求めよ．ばねが質点に及ぼす力の大きさは kx であるとする．
 2) 1)で角速度の大きさをどこまで大きくできるか考えよ．ばねは無限遠まで伸びることができるとする．

応用問題

4・6 下線部の意見に対して，賛成か反対かを理由と共に述べよ．
 "わたしたちは地球上で生活している．したがって，常に等速円運動に近い運動をしている．しかし，<u>自転による遠心力を感じる機会はない</u>．"

5 波の性質

　私たちの生活には"波"があふれている。"音"や"光"も波である。たとえば眼鏡の洗浄に使う超音波洗浄機の便利さも波のおかげだし，スマートフォンの画面を見ることができるのも波のおかげである。生物も波をうまく利用して生存競争を勝ち残ろうとしている。たとえばコウモリは超音波で周囲を探査しているので，暗闇でも自由に飛び回れる。ヘビは赤外線で相手を察知している。アメンボは水面の振動を感知して獲物を捕らえる。本章では，波とは何かを解き明かしていく。音や光については次章で詳しく述べる。

行動目標
1. 波を正弦関数で表現できる。
2. 波の伝わり方を説明できる。
3. 反射・屈折・回折現象を説明できる。

5・1 波とは

　本節では，波とは何か，どのように表現できるかについて学ぼう。

5・1・1 波

　あなたが静かな池のほとりに立っているとしよう。不意にカエルが池に飛び込んだ。すると，水面にはカエルが飛び込んだ場所を中心に同心円状の波紋が広がる。水面に波紋が広がるためには水が必要である。水が波を伝えているのである。このように波を伝えるものを**媒質**とよぶ。カエルが飛び込んだ水面上の場所を**波源**とよぶ。

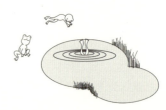

5・1・2 波と媒質

　媒質である水は，波と一緒に移動するだろうか？ カエルが飛び込んだ場所の近くに落ち葉が浮いていたとしたら，落ち葉はどのように運動するだろうか？ 落ち葉は水面で上下に動くものの，波紋の進行と共に移動することはほとんどない．つまり，波は水平方向に伝わるが，媒質である水は鉛直方向に振動するだけで，波と一緒にほとんど水平移動はしないのである．

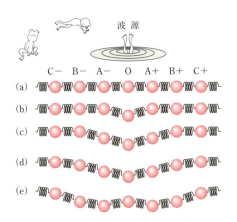

図5・1　仮想的なばねでつながれた球からなる媒質モデル

　もう少し詳しく波が伝わる仕組みについて考えよう．媒質を小さな球の集合と考え，その球は互いに仮想的なばねでつながれているとする．簡単のため，図5・1(a)のように1次元上に球が並んでいるモデルを考える．図(b)の中央の球Oを外部の力が下に押し下げる．これはカエルが水面に飛び込んだ状況に対応し，Oが波源となる．Oが押し下げられると，隣接するA+とA−が引きずられて下へ動き始める(図c)．そしてA+とA−に引きずられてB+とB−が下に動き始め(図d)，さらにB+とB−に引きずられてC+とC−が下に動き始める．このように，最初にOが降下した運動がA+→B+→C+→と伝わっていく．Oに外部からの力がはたらかなくなった(カエルが波源からいなくなった)後，Oは最下点に達して上昇に転じる(図e)．今度はOの上昇する動きがA+とA−へ，さらにB+とB−へと順に伝わることになる．このようにして波は伝わっていく．一方，各球はその場で上下運動を繰返すだけで，波が伝わる向きには運動しない．すなわち，媒質はもといた場所を中心に振動するが移動はせず，振動の状態が周囲の媒質に伝わっていくことにより，波として伝わっていくのである．大きなスタジアムでスポーツ観

戦している観客が起こす"ウェーブ"はまさに波の伝播現象である．図5・1の球と同じように，各観客(媒質に相当)は自分の席から移動するわけではなく，自分の席で立ち上がったり座ったりするだけである．

次に，波の性質を表す物理量を説明する．水面を進む波を断面から眺めたとしよう(図5・2)．波には，最も高いところ(山)と最も低いところ(谷)があり，山と谷が繰返し進む．山と谷の高さの差の半分を**振幅**とよび，amplitudeからAで表すことが多い．単位は〔m〕である．波の山の場所から次の山の場所までの距離を**波長**とよび，単位は〔m〕であり，ギリシャ文字λ(ラムダ)で表すことが多い．

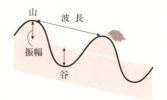

図5・2 **断面から眺めた水面を進む波** 波が進行しても，水面に浮かぶ落ち葉は進行しない．

観察者が特定の場所を通過する波を観察したとき，山を見てから次の山を見るまで時間を**周期**とよび，単位は〔s〕(秒)であり，Tで表すことが多い．

観察者が特定の場所を通過する波を単位時間(1 s)観察したときに観察する山の数を**振動数**または**周波数**とよぶ．振動数はfrequencyからfで表すことが多い．単位は〔1/s〕=〔Hz〕(ヘルツ)である．周期と振動数とは逆数の関係にある．ラジオの放送局が"○○メガヘルツ"というのは，放送している電波の振動数を表している．

波が1秒間に進む距離を波の**速さ**とよぶ．vで表すことが多く，単位は〔m/s〕である．

5・1・3 正 弦 波

外部から力を加えて波源を連続して振動させると，波が伝播していく．波源の運動が単振動である場合，波は正弦関数の形状で伝播し，これを**正弦波**とよぶ．ここでは正弦波を例として，数式による波の表現について説明していこう．

正弦波を表す正弦関数の角度部分を**位相**とよぶ．波が同じ形状になるということは，位相が同じ($\pm 2\pi$の差を含む)ということである．式で表現すると，(5・1)式のとおりである(θはある変数を表す)．

$$\sin(\theta+2\pi) = \sin\theta \qquad (5\cdot 1)$$

(5・1)式の位相に時刻を表す変数tがどのような形で含まれるか考えよう．ある特定の位置につぎつぎとやってくる波を観察するとき，波の周期をTとすると，ある時刻tと時刻$t+T$では同じ形状の波を観察することになる．すると時間Tの

間に位相が 2π 変化していることになる．時刻 t が位相の中に $2\pi \times (t/T)$ という形で含まれていれば，位相に 2π の変化が生じる．すなわち

$$\sin\left(2\pi \times \frac{t+T}{T}\right) = \sin\left(2\pi \times \frac{t}{T} + 2\pi\right) = \sin\left(2\pi \times \frac{t}{T}\right) \quad (5\cdot 2)$$

となり，時刻 t と時刻 $t+T$ は同じ波の形をもつことが示される．

次に位置を表す変数 x が位相にどのような形で含まれるかを考えよう．ある時刻に観察者が見た波を図 5・3 に示す．波長を λ とすると，ある場所 x と $x+\lambda$ は同じ形である．すなわち位相が同じになり，位置 x は位相の中に $2\pi \times (x/\lambda)$ という形で含まれていなければならない．

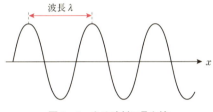

図 5・3 ある時刻に見た波

さらに図 5・4 に，ある時刻 $t=t_0$ での波 (———) と少し時間が経った $t=t_0+\Delta t$ での波 (-----) を示す．黒線の波の $x=x_0$ での変位 (●) と赤線の波の $x=x_0+\Delta x$ での変位 (●) が等しいことから，変位を y として

$$y(x_0, t_0) = y(x_0+\Delta x, t_0+\Delta t) \quad (5\cdot 3)$$

と書ける．すなわち両辺の位相は等しい．(5・2)式から，時刻が進むと位相は増加する．(5・3)式の両辺の位相が等しくなるためには，位置の増加に対して位相が減少する必要がある．したがって，位置 x は位相の式中に負の符号がついた $-2\pi \times$

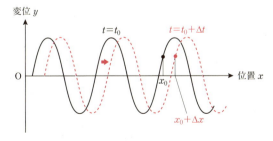

図 5・4 右向きに伝播する波

(x/λ) という形で含まれていればよい．以上から正弦波の式は，振幅を A として

$$y = A \sin\left(2\pi \times \frac{t}{T} - 2\pi \times \frac{x}{\lambda}\right) \qquad (5\cdot 4)$$

と表される．また，$(5\cdot 4)$ 式は次のように表されることも多い．

$$y = A \sin(\omega t - kx) \qquad (5\cdot 5)$$

ここで，ω(オメガ) は**角振動数**とよばれ，単位時間に波が振動する回数を表す物理量である．単位は [rad/s] である．k は**波数**とよばれ，単位長さの中の波の個数を位相で表す物理量であり，単位は [1/m] である．波数は波長と反比例の関係にある．なお，図 5・4 で波が左向きに伝播する場合，位置 x の係数は ＋ になることに注意してほしい．また，$k = 1/\lambda$ の定義が用いられる分野もある．

例題5・1 波長 5.0 m，振幅 1.0 m の正弦波が伝播している．この正弦波のある時刻における変位を，横軸を位置としてグラフに描画せよ．この時刻における横軸の原点での変位を 1.0 m とする．

解 図 5・5 に示す．

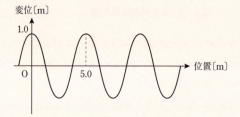

図5・5

復習5・1 振動数 10 Hz，振幅 1.0 m の正弦波が伝播している．この正弦波の変位をある場所で観察したときのようすを，横軸を時間としてグラフに描画せよ．この場所における時刻 0 での変位を −1.0 m とする．

例題5・2 正弦波の波長 λ と波数 k との関係を示せ．

解 波長はある時刻に観察した波のある場所から次の同じ形まで（たとえば山から山）の距離である．一方，波数はある時刻に観察した波が単位長さの距離に何個入っているかを表す．単位長さ 1 の距離の中に位相 2π の k 個の波があるのだから（図 5・6），以下の関係がある．

$$\lambda = \frac{2\pi}{k} \quad \text{または} \quad \lambda k = 2\pi$$

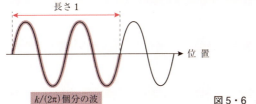

図 5・6　単位長さと波数の関係

復習 5・2　正弦波の振動数 f と周期 T との関係を示せ.

> **まとめ 5・1**
> - 波は媒質中を伝播するが媒質自身は移動しない.
> - 正弦波は $A\sin\left(2\pi\times\dfrac{t}{T}-2\pi\times\dfrac{x}{\lambda}\right)$ または $A\sin(\omega t-kx)$ と表される.
> - 正弦波の式の正弦関数(sin)の変数を位相とよぶ.

5・2　ホイヘンスの原理

　前節では,1次元の軸上を伝播する波について説明した.本節では空間を広がりながら伝播する波について説明する.また,二つ以上の波が出会ったときに何が起こるかについても考えよう.

5・2・1　空間を広がって進む波

　湯船に浸かって,水面の一点を指でゆらゆらさせると同心円状の波が起こる.また,水面で腕をゆらゆらさせると線状の波が起こるようすを見たことがある人も多いだろう(なければぜひやってみてほしい).このことは波源の形(点状か線状か)によって,波の形状が変わることを意味している.

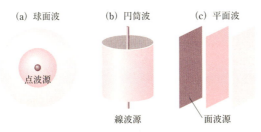

図 5・7　空間を伝播する波

　では,3次元空間では波はどのように伝播するだろうか.3次元空間では,点状の波源(点波源)から波が発生する場合,波は波源を中心にしてあらゆる方向に伝播

していく．このとき，ある時刻に変位が同じ位相(山や谷など)になる点が球面上に分布する．同じ位相の点をつないだ面を**波面**とよび，このような波を**球面波**とよぶ(図5・7a)．また，波源が直線状(線波源)になっており，同じ位相で振動していると，波面は円筒側面形状になる．これを**円筒波**(図b)とよぶ．さらに波源が平面上(面波源)にあり，同じ位相で振動していると，発生する波の波面は平面状になる．これを**平面波**(図c)とよぶ．

5・2・2 回 折

ここで粒子と波の性質を比べてみよう．図5・8のように左から右へ運動する粒子を考える．途中に小さい穴が空いた壁があり，粒子の運動を妨げるとすると，穴を通った粒子だけが右側へ通り抜けるが，壁の後ろ側 ● に粒子は回り込めない．

一方，図5・9のように波面が右向きに進む波を考える．途中に小さい穴が空いた壁があり，波の伝播が妨げられるとする．すると，穴を通った波だけが右側へ通り抜ける．粒子の場合と異なり，穴の右側に同心円状に広がる波が発生する．すなわち，壁の後ろ側にも波は回り込んで伝播できる．この性質を**回折**とよぶ．回折は波に特有の性質である．

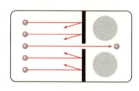
図5・8 穴を通り抜ける粒子

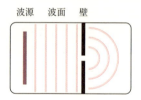
図5・9 穴を通り抜ける波

5・2・3 ホイヘンスの原理

なぜ回折が起こるのだろうか？ 17世紀のオランダの物理学者 C. Huygens (ホイヘンス)(1629～1695年)は空間での波の伝播の仕方を作図する方法として，次に述べるホ

図5・10 ホイヘンスの原理

イヘンスの原理を提案した.

図5・10のように空間を進む波において,ある時刻にある波面を考える(図a).この波面上に無数の小さい波源があり,この波源から小さな球面波(**素元波**とよぶ)が発生すると考える(図b).素元波の波面を滑らかにつなぐ面(包絡面)が,ごく短い時間の後の新しい波面になる(図c).

この原理に従うと,図5・9に示す壁の穴を通り抜ける波の場合,図5・11に示すように穴の出口の素元波が外側に球状に広がるため,新しい波面が丸くなる.このため壁の後ろ側にも波が伝播し,回折が起こることを説明できる.

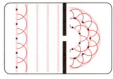

図5・11　平面波と素元波

5・2・4　重ね合わせの原理

二つ以上の波が重なってできる波を**合成波**とよぶ.図5・12に示すような二つの波の合成波を考えよう.左から波A,右から波Bが伝播してきて(図a),互いに重なり合って合成波Cをつくり(図b),もとの形を保ったまますり抜ける(図c).合成波Cの変位は

$$Y = y_A + y_B$$

と表される.ここで,y_Aは波Aの変位,y_Bは波Bの変位,Yは波Cの変位である.すなわち,一つの場所で出会う二つの波のそれぞれの変位の和が合成波の変位になる.これを**重ね合わせの原理**とよぶ.

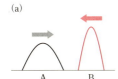 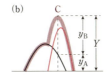 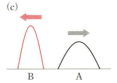

図5・12　重ね合わせの原理

"こんなの当たり前!"と思った人も多いだろう.この原理は波動を考えるうえで非常に重要で,のちに述べる美しい光の芸術ともいえる干渉(§6・3)は重ね合わせの原理で簡潔に理解することができる.重ね合わせの原理は,複数の波に対しても成り立ち,波が互いに影響し合わないことを意味している.これを**波の独立性**とよぶ.

5・2・5 定常波

図5・13のように,同じ x 軸上を右へ進む正弦波Aと左へ進む正弦波Bを考える.それぞれの波の変位は(5・5)式から次のように表されるとする.

$$y_A = C_A \sin(\omega_A t - k_A x)$$
$$y_B = C_B \sin(\omega_B t + k_B x)$$

ここで,y_A,y_B は波A,Bの変位,C_A,C_B は波A,Bの振幅,ω_A,ω_B は波A,Bの角振動数,k_A,k_B は波A,Bの波数である.波Bの波数の前の符号が正であることに注意してほしい.これは波Bが左へ進む(x 軸の負の向き)に進んでいるからである.

図5・13 左右から伝播してくる波

波AとBの合成波の変位 Y は重ね合わせの原理から

$$Y = y_A + y_B$$

と表される.ここで二つの波の振幅,角振動数,波数が同じであったとする.すると合成波の変位 Y は

$$\begin{aligned} Y &= C_A\{\sin(\omega_A t - k_A x) + \sin(\omega_A t + k_A x)\} \\ &= 2C_A \sin \omega_A t \times \cos k_A x \end{aligned} \quad (5 \cdot 6)$$

と表される.2行目の式変形には三角関数の和と積の変換公式

$$\sin A + \sin B = 2 \sin \frac{A+B}{2} \cos \frac{A-B}{2}$$

を用いた.(5・6)式をみると,時刻にだけ依存する項 $\sin \omega_A t$ と位置にだけ依存す

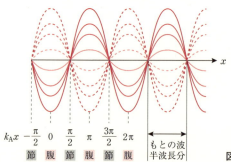

図5・14 定常波

る項 $\cos k_A x$ との積になっていることがわかる．すなわち x 軸上の各点は位置によって決まる振幅 $2C_A|\cos k_A x|$ をもった単振動をすることがわかる．このとき，合成波は伝播していないように見える．このような波を**定常波**(**定在波**, 図 5・14) とよぶ．また，$k_A x = \left(n + \frac{1}{2}\right)\pi$ (n は整数) となる位置では，$\cos k_A x = 0$ であるため，時刻に関係なく常に変位 Y は 0 である．このように振動しない点を**節**とよぶ．さらに $k_A x = m\pi$ (m は整数) となる位置では，$\cos k_A x = \pm 1$ であるため，振幅が最大となる．このような点を**腹**とよぶ．隣り合う節から節，腹から腹の距離はもとの波の波長の半分に等しい．腹での振幅はもとの波の振幅の 2 倍である．

例題 5・3 ホイヘンスの原理を用いて，点波源から発生した波が球面波になることを図示して説明せよ．

解 点波源から発生した素元波の包絡面は常に波源からの距離が一定
➡ 新しい波面が球面になる
➡ 次の素元波の包絡面も前の波面からの距離が一定
➡ 次の新しい波面も球面になる

復習 5・3 波源が直線状であり同位相で振動している場合，円筒波ができることをホイヘンスの原理を用いて説明せよ．

例題 5・4 図 5・13 で波源 A, B からの波の変位がそれぞれ
$$y_A = A \sin(\omega t - kx)$$
$$y_B = 2A \sin(\omega t - kx + 2\pi)$$
の場合の合成波の変位を式で表し，その振幅を求めよ．ここで A は定数である．

解 合成波の変位は二つの波の和で表される．
$$\begin{aligned} y_A + y_B &= A \sin(\omega t - kx) + 2A \sin(\omega t - kx + 2\pi) \\ &= A \sin(\omega t - kx) + 2A \sin(\omega t - kx) \\ &= 3A \sin(\omega t - kx) \end{aligned}$$
したがって，合成波の振幅は $3A$ である．

復習 5・4 二つの波源 A, B からの波の変位が次の 2 式の場合の合成波の変位 y

を式で表し，その振幅を求めよ．ここで A は定数である．
$$y_A = A\sin(\omega t - kx)$$
$$y_B = A\sin\left(\omega t - kx + \frac{\pi}{2}\right)$$

例題 5・5 振幅，波長，角振動数が等しい二つの正弦波が同一軸上を互いに逆向きに伝播している．この二つの正弦波の合成波の隣り合う腹と節の間隔と腹の振幅を計算せよ．もとの正弦波の波長を 2.4 m，振幅を 1.5 m とする．

解 合成波の隣り合う腹と節の間隔はもとの正弦波の波長の $\frac{1}{4}$ である．よって，0.60 m．また，腹の振幅はもとの正弦波の振幅の 2 倍である．よって，3.0 m となる．

復習 5・5 振幅，波長，角振動数が等しい二つの正弦波が同一軸上を互いに逆向きに伝播している．この二つの正弦波の合成波の腹での角振動数を求めよ．もとの正弦波の角振動数を 5.0 rad/s とする．

まとめ 5・2
- 波は小さい穴を通り抜けると周囲に広がる"回折"という性質をもつ．
- 波面の広がり方はホイヘンスの原理によって説明できる．
- 複数の波が出会うと合成波がつくられ，合成波の変位はもとの波の変位の和である．
- 同じ振幅，角振動数，波数の逆向きに進む二つの波が出会うと，定常波ができる．

5・3 反射・屈折

前節までは同一の媒質中を伝播する波について考えてきた．本節では，異なる媒質を伝播するときにその境界（**界面**とよぶ）で起こる現象について考えてみよう．

5・3・1 媒質と波の性質

同一媒質中を伝播する波の伝播速度，波長，角振動数は変化しない．一方，異なる媒質に移動すると，角振動数は変化しないが，波の伝播速度と波長は変化する．ここで波が伝播していく仕組みをもう一度考えてみよう．図 5・1 で考えたように，媒質を仮想的な球の集合と考え，その球は互いに仮想的なばねでつながれているとする．媒質が異なるということは，球およびばねの性質が異なることを意味している．図 5・15 に左右で異なる媒質が接しているようすを模式的に表現した．

5・3 反射・屈折

仮想的なばねの性質が異なると，球から球への振動の伝わり方が変化する．たとえば，ばねが柔らかいと振動はゆっくり伝播する，すなわち波の伝播速度が低下する．ばねの"柔らかさ"は媒質の性質によって決まる（具体的には密度や圧縮弾性率，ずり弾性率などというような物質に特有の性質が関係する）．しかし，界面において同じ位相で振動するため，界面の両側で角振動数は変化しない．したがって，短い距離の中に波の山と谷が多く押込められるため，波長が短くなる．

図 5・15　異なる媒質のイメージ

5・3・2　界面での波の伝播

波が界面に出会うと，一部がもと来た方向へ跳ね返され，一部が他方の媒質へ伝播する．跳ね返される現象を**反射**，他方の媒質へ伝播する現象を**屈折**とよぶ．山に向かって大声で"やっほー"と叫ぶとこだまが返ってきたり（山肌が界面），鏡を見ると自分の顔が映る（鏡面が界面）のは反射のためである．湯船につかったときに自分の足が実際より浮き上がって見えるのは屈折のためである．

界面に入ってくる波を**入射波**，跳ね返っていく波を**反射波**，他方へ伝播する波を**屈折波**とよぶ．図5・16に示すように，界面に対して法線方向を考え，この法線方向と入射波，反射波，屈折波の伝播する向きとがなす角をそれぞれ**入射角**，**反射角**，**屈折角**と定義する．波の伝播する向きと界面とのなす角ではないことに注意．

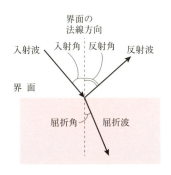

図 5・16　入射角，反射角，屈折角

5・3・3　反　射

平面波が平面状の界面に斜めに入射して反射する場合をホイヘンスの原理を用いて考えてみよう．

図5・17(a)のように入射波の波面が界面上の点Aに到達し，ある時間の後に図(b)のように入射波の波面が点Cに到達したとする．このときホイヘンスの原理により，点Aを中心とした素元波Oが生じる．入射波と反射波は同じ媒質中を伝播

するため，伝播する速さは同じである．よって O の半径はこの間に入射波が進んだ距離 BC に等しい．さらにホイヘンスの原理から点 C から素元波 O への接線 CD が反射波の波面となる．

　ここで，三角形 ABC と三角形 CDA について考えよう（図 c）．はじめに三角形 ABC に関して，辺 AB は入射波の波面であるから，これに垂直な線 AI は入射波の伝播する向きになっている．よって，界面に垂直な線 AN を考えると定義から ∠IAN が入射角 θ_i である．また ∠IAB と ∠NAC は共に直角であるから

$$\angle BAC = \angle NAC - \angle NAB = \angle IAB - \angle NAB = \angle IAN = \theta_i$$

となる．

　次に三角形 CDA に関して，辺 DC は反射波の波面であるから，これに垂直な線 CJ は反射波の伝播する向きになっている．界面に垂直な線 CM を考えると定義から ∠JCM が反射角 θ_j である．また，∠MCA と ∠JCD は共に直角であるから

$$\angle ACD = \angle MCA - \angle MCD = \angle JCD - \angle MCD = \angle JCM = \theta_j$$

となる．

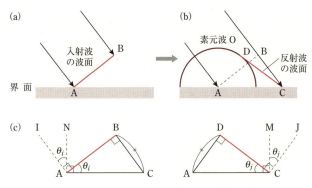

図 5・17　ホイヘンスの原理による反射の説明

　また，辺 AD は図(b)における素元波 O の半径に等しい．先に述べたように素元波 O の半径は図(a)から(b)へ時間が進む間に波が進んだ距離，すなわち辺 BC に等しい．よって，二つの三角形の辺 AD と辺 BC の長さは等しい．ここで，二つの三角形は辺 AC が共通である．三角形 ABC と三角形 CDA は二つの辺の長さが等しい直角三角形であるから合同である．したがって

$$\angle BAC = \angle DCA \quad \text{すなわち} \quad \theta_i = \theta_r$$

となり，入射角と反射角は等しい．これを**反射の法則**とよぶ．

5・3・4 屈 折

反射と同様にホイヘンスの原理を用いて屈折について考えてみよう．

図 5・18(a) のように，媒質 1 から媒質 2 へ伝播する波を考える．入射波の波面が界面上の点 A に到達し，時間 t 後に入射波の波面が点 C に達したとする（図 b）．

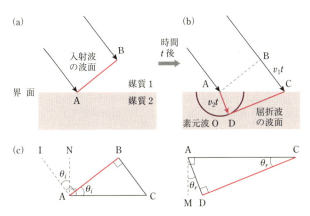

図 5・18 ホイヘンスの原理による屈折の説明

このときホイヘンスの原理により，点 A を中心とした素元波 O が媒質 2 中に生じる．点 C から素元波 O へ引いた接線が屈折波の波面となる．媒質 1, 2 中での速さをそれぞれ v_1, v_2 とすると，BC, AD はそれぞれ入射波，屈折波が時間 t の間に進んだ距離なので

$$BC = v_1 t$$
$$AD = v_2 t$$

となる．次に図 5・18(c) に示した三角形 ABC, CDA について考える．三角形 ABC については前項で説明したとおり，∠BAC は入射角 θ_i に等しい．よって

$$\angle BAC = \theta_i$$

である．三角形 CDA に対して，界面に対する法線方向を AM とすると，AD は屈折波が伝播する方向なので，屈折角の定義から ∠MAD が屈折角 θ_r である．また，∠MAC, ∠ADC が直角であることから

$$\angle MAD + \angle DAC = \angle DCA + \angle DAC$$

が成り立つ．右辺は三角形の内角の和が π であることを用いた．したがって

$$\angle DCA = \angle MAD = \theta_r$$

となり，三角比の定義から

$$BC = v_1 t = AC \times \sin \theta_i$$
$$AD = v_2 t = AC \times \sin \theta_r$$

が成り立つ．両式の辺々を割り算して

$$\frac{\sin \theta_i}{\sin \theta_r} = \frac{v_1}{v_2} \tag{5・7}$$

が導かれる．これを**屈折の法則**とよぶ．

もう一度図5・18(b)をよく見てみよう．媒質2での波の速さが媒質1に比べて遅くなると，素元波Oの半径ADが短くなるため屈折角 θ_r は小さくなる．すなわち波が進みにくくなるほど屈折角が小さくなることを意味している．この進みにくさを表す物理量が**屈折率**である．媒質1，2での屈折率をそれぞれ n_1, n_2 とすると

$$n_1 v_1 = n_2 v_2 \tag{5・8}$$

と定義される．屈折率が2倍になると速さは半分になる．(5・8)式を(5・7)式に代入して

$$\frac{\sin \theta_i}{\sin \theta_r} = \frac{n_2}{n_1} \tag{5・9}$$

が得られる．これも屈折の法則とよばれる．屈折率は波の種類に応じて物質ごとに決まっている**物質定数**である．

例題5・6 図のように，平面界面に波が斜めに入射した．このときの反射波の伝播する向きを作図せよ．

解

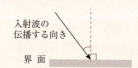

復習5・6 図のように，円筒界面に斜めに細いビーム状の波が入射した．このときの反射波の伝播する向きを作図せよ．

演習問題

例題 5・7 図 5・19 のように，平面界面に屈折率 1.23 の媒質から屈折率 n の媒質へ波が通過した．このとき入射角は $\pi/4$，屈折角は $\pi/6$ であった．屈折率 n の値を求めよ．$\sqrt{2} = 1.41$ とする．

解 (5・9)式より，以下となる．

$$\frac{\sin\dfrac{\pi}{4}}{\sin\dfrac{\pi}{6}} = \frac{n}{1.23}$$

$$n = 1.23 \times \frac{\dfrac{\sqrt{2}}{2}}{\dfrac{1}{2}} = 1.23 \times \sqrt{2}$$

$$= 1.734 \fallingdotseq 1.73$$

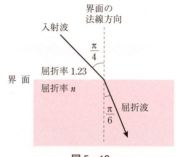

図 5・19

復習 5・7 例題 5・7 で屈折角が $\pi/3$ であるときの屈折率 n の値を求めよ（$\sqrt{3} = 1.73$，$\sqrt{6} = 2.45$）．

まとめ 5・3
- 異なる媒質が接する界面では，波は反射，屈折する．
- 入射角と反射角は等しい（反射の法則）．
- 入射角と屈折角との関係は屈折率によって決まる（屈折の法則）．

演習問題

5・1 次の 1)〜4) に答えよ．y, t, x はそれぞれ変位，時間，位置を表し，長さの単位を m，時間の単位を s とする．

1) 次式で表される正弦波の振幅，波長，周期を求めよ．
   ① $y = 2.4 \sin 2\pi(1.6t - 0.5x)$
   ② $y = 0.5 \sin \pi(0.2t + 3.6x + 1.0)$
   ③ $y = 1.5 \cos \pi(3.2t + 2.4x)$
2) ②の時間 $t=0$，5 s での正弦波の位置に対する変位をグラフに描画せよ．
3) 2) で描画した二つのグラフから，二つの時間の間に正弦波が進んだ距離を求めよ．
4) **発展** 前問を利用して，正弦波が進む速さを (5・4) 式または (5・5) 式の表記を用いて表せ．

5・2 図 5・20 のような平面上にある S 字形の波源から，波源と同じ面内を伝播する波を考える．ホイヘンスの原理を用いて，波源から遠い場所での波面を図示せよ．

図 5・20

5・3 図 5・21 のように二つの波源 A，B から発生する x 軸上を伝播する正弦波を考える．二つの波源からは，同じ

振幅 C, 角振動数 ω, 波数 k の正弦波が x 軸の正の向きと負の向きにそれぞれ発生しているとし, 波源 A, B の位置をそれぞれ x_A, x_B とする. 次の 1), 2) に答えよ.
1) 同じ時刻に, 二つの波源で共に山となる同位相の波を発生している場合, 二つの波源の間でのみ有限の振幅をもつ波が存在するための条件を求めよ.
2) **発展** 同じ時刻に二つの波源で山と谷になる逆位相の波を発生している場合, 二つの波源の間でのみ有限の振幅をもつ波が存在するための条件を求めよ.

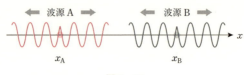

図 5・21

5・4 図 5・22 のように, 断面が正三角形の媒質 2(屈折率 m) が水平な台の上に置かれている. 周囲は媒質 1(屈折率 n) で満たされている. ここに水平方向に伝播するビーム状の細い波が伝播して, 媒質 2 の左側の界面に当たった. 次の 1), 2) に答えよ.
1) 波は媒質 2 の中をどのように進むかを考えよ. 媒質 2 の中で, 波は時計回りの順に界面に当たるとする.
2) 媒質 2 の右の界面から透過してきた波は水平方向下方に $\pi/6$ の向きに伝播した. 屈折率 m, n の関係を論じよ.

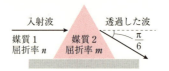

図 5・22

5・5 図 5・23 に示すように, 屈折率 1.0 の媒質から屈折率 1.2 の媒質に入射波が伝播して, 平面界面に当たった. このときの入射角は θ, 屈折角は $\pi/2$ であった. 入射角 θ の値を求めよ. $\sin\theta$, θ の値は表 5・1 を用いよ.

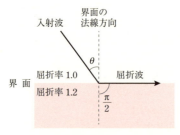

図 5・23

表 5・1 正弦値と角度

$\sin\theta$	θ 〔rad〕
0.70	0.775
0.75	0.848
0.80	0.927
0.85	1.016
0.90	1.120

6 音と光の性質

私たちの生活には音と光があふれている。私たちは多くの情報を音や光によって得ている。生物には巧みに光を利用しているものがいる。タマムシの体は金属を含まなくても金属光沢を放つ。アコヤガイは異物を炭酸カルシウムで覆って無害化した真珠をつくる。人はその異物を珍重している。モンシロチョウは人間には見えない紫外線を感知して、蜜をもつ花を効率的に見つけ出すことができる。本章では音と光の不思議な性質を見ていこう。

行動目標
1. 縦波と横波の違いを説明できる。
2. 自然光と直線偏光の違いを説明できる。
3. 回折格子による干渉縞を説明できる。
4. 凸レンズ、凹レンズのはたらきを説明できる。

6・1 縦波と横波

6・1・1 波の伝播と振動方向

波が伝播する向きと媒質が振動する方向の関係を考えてみよう。私たちが暮らす3次元空間は三つの独立な向きで表現できる。波が伝播する向きを基準とすると、これに平行な方向と垂直な方向の2種類の方向が考えられる。波が伝播する向きと平行な方向に媒質が振動する波を**縦波**、垂直な方向に媒質が振動する波を**横波**とよぶ。

図6・1に縦波、横波の伝播するようすを模式的に示す。縦波は媒質が混み合う密な(圧縮された)部分とまばらになる疎な(膨張した)部分が交互に並び、これが伝播方向に伝わっていく。そのため**疎密波**ともよばれる。縦波は固体、液体、気体中を伝播できる。

横波は媒質が伝播方向に垂直な方向にずれて、まわりの媒質を引きずり込むこと

で伝播していく．このため**ねじれ波**ともよばれる．横波は固体中を伝播できるが，液体，気体(併せて**流体**とよぶ)中を伝播できない(特殊な条件下を除く)．固体はずれる方向に力を受けた場合，もとに戻ろうとするが，流体はずれる方向に力を受けると変形したまま形が戻らない．流体の力と変形の関係を想像するため，図6・2のような水を入れた袋を思い浮かべてみよう．水を押す方向に力を加えると反発する力を感じるだろう(図a)．一方，水にずりの方向の力をかけてももとに戻ろうとしない(図b)．これが水(流体)中を縦波が伝播するが，横波が伝播しない理由である．

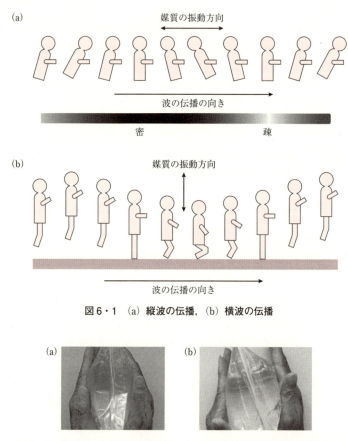

図6・1 (a) 縦波の伝播，(b) 横波の伝播

図6・2 袋に入れた水に力を加える (a) 水を押すと反発する．(b) 水にずりを加えても反発しない．これが，横波が伝播しない原因である．

6・1・2 縦波の表し方

§5・1では，正弦波を正弦関数で表現することを説明した．この方法は横波の表し方として自然で理解しやすい．では，縦波は数式でどのように表現できるだろうか．

縦波が伝播するとき，媒質は波の伝播する方向に振動する．伝播する向きを正として，変位を定義できる．媒質の振動が単振動である場合，図6・3のように，正弦関数を使って表現できる．このとき，変位の大きさが最大になる場所と密度が最大(密)，最小(疎)になる場所とは一致していないことに注意．

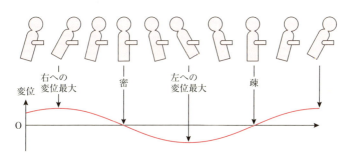

図6・3　縦波の変位の表現方法

例題6・1　縦波と横波の違いを二つあげよ．
解　1) 波の伝播の向きに対して媒質の振動方向が，縦波では平行方向，横波では垂直方向である．
　　2) 縦波は液体，気体中を伝播できるが，横波はほとんど伝播しない．

復習6・1　音は縦波か横波か？　根拠を示して推定せよ．

例題6・2　図6・3のグラフの縦軸を密度に変えたグラフを描け．
解

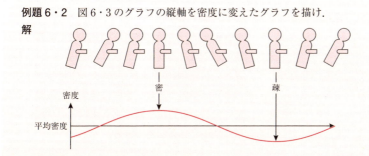

6・1・3 音の性質

太鼓をたたくと太鼓の皮が振動する．皮の振動によって，皮の近くの空気は圧縮と膨張を繰返し受ける．この圧縮(密)と膨張(疎)が波となってまわりの空気に伝わるのが**音**である．よって，音は縦波である．

空気中を伝播する音の速さは，気温によって変化する．1気圧，t 〔℃〕の空気中の音の速さ v 〔m/s〕は次式で表せる．

$$v = 331.5 + 0.6t$$

つまり，音は気温が上がると速く伝わる．冬の晴れた夜には，地表付近の空気が冷やされ，上空ほど気温が高くなることがある．このような状況では，音の速さに違いが生じるため，音が**屈折**して伝わる．このため，遠くの音がよく聞こえる．

同じ振動数の音を二つのスピーカーから出すと，音がよく聞こえる場所と聞こえない場所ができる．これは音が**干渉**を起こすためである．二つのスピーカーからの距離が違うため，よく聞こえない場所では一方の音が密のとき，他方の音が疎となって伝わってくるのである．これを騒音の解消に応用したのがアクティブ消音技術で，周囲の騒音をマイクで拾い，逆位相の音を出すことで，騒音を弱めることができる．ノイズキャンセリングヘッドホンにはこの技術が使われている．

> **まとめ 6・1**
> - 波には縦波と横波の2種類がある．
> - 縦波は固体，液体，気体中を伝播できるが，横波は固体中を伝播できる．
> - 音は縦波である．

6・2 光の性質

6・2・1 横波としての光

光は波であり，反射・屈折現象を示す．光は空間を媒質として伝播する**電磁波**の一種であり，電場と磁場が伝播方向に垂直に振動している(電場や磁場については第11章で学ぶ)．電磁波は，媒質の振動が伝播方向に垂直なので横波である．

光は横波なのになぜ空気中を伝播できるのだろうか．光以外の波(音など)は物質を媒質としている．したがって，媒質の状態(固体か流体か)によって横波が伝播できるかどうかが決まる．一方，光の媒質は空間である．空間に発生した電場と磁場が周囲に伝わっていくのであり，光の伝播の可否は空間を満たす物質の状態に依存しない．よって，光は空間があれば真空中でさえ伝播できる．

電磁波の種類と波長との関係を図6・4に示す．電磁波のうち，波長約400〜800

nm の領域はヒトの目に見えるため，**可視光**とよばれる．生物により可視領域が異なるため，他の生物はヒトとは違う世界を見ていると思われる．

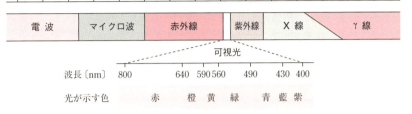

図6・4 電磁波の種類

6・2・2 偏 光

■ **直線偏光**　光は横波であり，独立した二つの振動方向がある．一つの方向の振動面だけをもつ光を**直線偏光**とよぶ．太陽光や照明の光にはさまざまな振動方向をもつ光が含まれており，自然光とよぶ．

自然光から特定の振動方向をもつ光(偏光)を取出すことができるフィルムを偏光フィルムとよぶ．一般的な偏光フィルムでは，ポリビニルアルコールのフィルムにヨウ素が一定方向に並んでいて(配向)，ヨウ素が配向した方向の直線偏光を効率的に吸収し，配向と直交する方向の直線偏光を透過する(図6・5a，図中の偏光フィルムの縦線は光の透過方向を表す)．そのため，入射した自然光のうち，およそ半

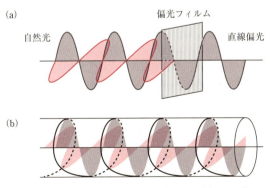

図6・5　(a) 偏光フィルムと直線偏光，(b) 円偏光

分の直線偏光が透過する．偏光フィルムは，野外用の偏光眼鏡やカメラのレンズ，液晶ディスプレイに用いられている．

■ **円 偏 光**　二つの直交する直線偏光を重ね合わせると別の偏光をつくることができる．図6・5bに示すように，位相(§5・1・3)が±π/2(すなわち1/4周期)ずれた直線偏光を重ね合わせると，振動方向が時間的に空間的に回転しながら伝播する偏光ができる．これを**円偏光**とよぶ．円偏光には左回りと右回りがあり，それぞれ左円偏光，右円偏光とよぶ．3D映画を観るときに掛ける眼鏡には，右偏光フィルムと左偏光フィルムが用いられている形式がある．これにより左右の目に違った映像が映り，立体的に感じられるのである．

例題6・3　z軸の正の向きに進む光がある．x軸方向に振動する直線偏光とy軸方向に振動する直線偏光を重ね合わせたときの合成光の振動する方向を答えよ．この二つの直線偏光の角振動数，波数，振幅，位相は同じであるとする．

解　z軸の正の向きからx-y平面へ媒質の変位を射影したようすを図6・6に示す．二つの波は位相が同じなので，山と山，谷と谷が重なり合う．山と山が重なったときの合成光が図の矢印(a)，谷と谷が重なったときの合成光が図の矢印(b)である．したがって，x-y平面内の斜め45°の方向に振動する．

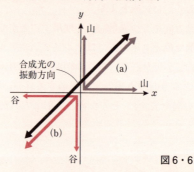

図6・6

復習6・2　z軸の正の向きに進む光がある．x軸方向に振動する直線偏光とy軸方向に振動する直線偏光を重ね合わせたときの合成光の振動する方向を答えよ．この二つの直線偏光の振幅をそれぞれA, Bとし，角振動数，波数は等しく，位相は逆であるとする(位相が逆とは，山と谷が重なり合うことをさす)．

まとめ 6・2
- 光は空間を媒質とした横波である．
- 光(可視光)は，電波やX線と同じ電磁波の一つである．
- 自然光から偏光フィルムをとおして直線偏光を得ることができる．

発展　液晶ディスプレイ

　偏光をうまく使ったデバイスの例として，ツイストネマティック型液晶ディスプレイの動作原理を紹介する(図6・7)．細長い形の液晶分子を封じ込めたセルの上下にある電極から液晶セルに電場をかけることで，電場のON/OFFで液晶を電場方向に配列(配向)させることができる(電場については第9章参照)．液晶セル内部の上下面には液晶の配向方向を決める配向膜が設置され，互いに直交する方向になっている．

　電極の外側の偏光フィルムは，互いに偏光方向が直交するように配置されている．さらにその一方の外側に光源が配置されている．

　電極スイッチが入っているON状態では，図の縦方向に電場がかかり液晶分子が電場の方向に配向する．この状態では液晶セル内を通過する光の振動方向に影響しない．そのため光源から出た光は光源側の偏光フィルムで直線偏光に変換され，反対(出射)側の偏光フィルムで吸収されて透過光は出てこない．すなわち暗表示になる．一方，電極スイッチが開いているOFF状態では，液晶セル内の液晶分子は配向膜で規制された方向に配向し，縦方向に進むに従いねじれた構造(ツイストネマティック)を形成する．このとき，液晶セルを伝播する直線偏光は，液晶配向のねじれに沿って偏光面が90°回転するため，出射側の偏光フィルムを透過する．すなわち明表示になる．ON状態とOFF状態を切替えて画面の明暗表示を変更することで，私たちは動画を楽しむことができる．

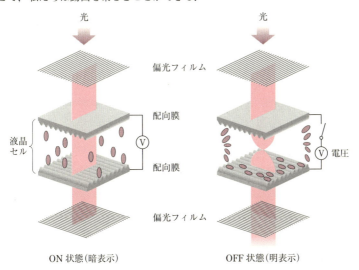

図6・7　ツイストネマティック型液晶ディスプレイの動作原理

6・3 光の干渉
6・3・1 屈 折 率

　光の速さは空間を満たす物質(この物質を媒質とよぶこともある)によって異なる．この性質を表した指標が**屈折率**である(屈折については§5・3を参照)．屈折率の表記には通常 n を用いる．屈折率は媒質となる物質によって決まる**物質定数**である．通常真空の屈折率を1とした相対屈折率を用いる．おもな物質の屈折率を表6・1に示す．波長 546.1 nm での値を示しているが，波長によって屈折率は変化する．これを**波長分散**とよぶ．

　光は屈折率 n の媒質中では速さが c/n となる(c は真空中での光の速さ)．すなわち，1 より大きい屈折率の媒質中では光は遅く進み，波長は縮む(真空中の $1/n$ 倍)が，振動数は変化しない．

表6・1　おもな物質の屈折率

物　質	屈折率
空　気	1.0
水	1.3
岩　塩	1.5
光学ガラス	1.5〜1.9

"理科年表 2019", 国立天文台編, 丸善出版より．

6・3・2 干　　渉

　同じ位相をもつ二つの光が異なる経路を通り再び同じ経路を進むと，光の強度が変化する場合がある．光が通る経路を**光路**とよび，光路の長さに屈折率をかけたも

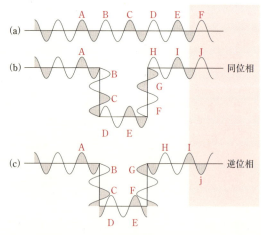

図6・8　干渉の仕組み　(a) ある光路を進む光，(b) 異なる光路を進むが，(a)と同位相になる光，(c) 異なる光路を進み，(a)と逆位相になる光

のを**光路長**とよぶ．このとき光路長の差により二つの光の位相にずれが生じて，強め合い・弱め合いが起こる．これを光の**干渉**とよぶ．

　干渉の仕組みを模式的に図 6・8 に示す．(a)のように左から右へまっすぐ進む光が，(b)や(c)のように異なる光路を進む光と合流して観測される場合を考える．(b)を左から右へ進む光の光路は(a)に比べて 4 波長分長い．すると，(a)と合流したとき 4 波長分先に出た光と合流する．その結果，山 F と山 J が重なり合うので強め合う．一方，(c)を左から右へ進む光の光路は(a)に比べて 3.5 波長分長い．すると，(a)と合流したとき 3.5 波長分先に出た光と合流する．その結果，山 F と谷 j が重なり合うので互いに打ち消し合う．ここで，図 6・8 の左端ではいずれの光も位相が同じであるという仮定は重要である．干渉を考える場合，重なり合う光の位相差がどれだけかを考えることが鍵となるからである．

6・3・3　回折格子

　微小な孔が規則的に並んでいる面状の素子を**透過型回折格子**とよぶ．ここでは，透過型回折格子の隣り合う孔を透過してくる光の干渉を考えてみよう．

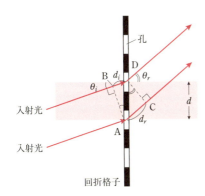

図 6・9　透過型回折格子

　透過型回折格子を図 6・9 に模式的に示す．左から入射角 θ_i の光が入射し，回折して角度 θ_r の方向に透過していく．入射光は光路に垂直な波面 AB まで同位相で伝播してくるとする．二つの透過光は面 CD で重ね合わされる．すなわち，AC と BD の光路長の差が位相差を生み出す原因になる．孔と孔の間隔を d とすると

$$AC = d_r = d \sin \theta_r$$
$$BD = d_i = d \sin \theta_i$$

である．よって光路差 Δ は

$$\Delta = |AC - BD| = d|\sin\theta_r - \sin\theta_i| \tag{6·1}$$

となる．ここで，光路差 Δ が光の波長 λ の整数倍に等しいと，面 CD で二つの光は同位相で重なり合い，強め合う．すなわち

$$d|\sin\theta_r - \sin\theta_i| = m\lambda \quad (m = 0, 1, 2, \cdots) \tag{6·2}$$

が光が強め合う条件である．

一方，光路差 Δ が光の波長 λ の整数倍＋半波長に等しいと，面 CD で二つの光は逆位相で重なり合い，弱め合う．すなわち

$$d|\sin\theta_r - \sin\theta_i| = \left(m + \frac{1}{2}\right)\lambda \quad (m = 0, 1, 2, \cdots) \tag{6·3}$$

が光が弱め合う条件である．

回折格子の透過側にスクリーンを置くと，強め合う場所と弱め合う場所が交互に現れる．この模様を**干渉縞**とよぶ．また光の波長が異なると強め合う場所，弱め合う場所が変わる．入射光としてさまざまな波長が混ざった光(たとえば太陽光)を入れると，干渉縞は波長(すなわち色)によってずれるため，虹色のパターンとなる．反射型の回折格子でも同様の現象が起こる．干渉現象の身近な例として音楽 CD(コンパクトディスク)をあげよう．音楽 CD のデータ記録面をみると虹色に光って見える．CD 記録面は微細な突起の有無によってデータを記録しており，突起が比較的規則的に並んでいるため，反射光が干渉する．

音楽 CD を使った反射型回折格子

音楽 CD の記録面に LED ライトの光を当てて反射光を壁に投影しても干渉縞は見えないが，レーザーポインターの光を当てるとスポット状の干渉縞が見える(<u>自分で実験する際はレーザーポインターの光が目に入らないよう十分注意して行うこと</u>)．これは次のような理由のためである．

図 6·8 のような理想的な正弦波が無限につながっていれば，干渉性が高い．このことを可干渉(コヒーレンス)性が高いという．しかし，身近にある太陽光や部屋の照明光は可干渉性が低い．一般に，光源から発する光は有限の長さの一連なりの波の集合(波連)であると考えられる．異なる波連同士の位相は乱雑で干渉しない．可干渉性は波連の長さによって変わり，可干渉距離によって評価される．たとえば，高圧水銀灯の波長 546.1 nm の光では可干渉距離は 10 μm 程度(波長の約 20 倍)であるが，He-Ne レーザーの波長 632.8 nm の光では 100 m 程度にもなる．可干渉性の高いレーザーポインターの光を使うことで干渉が顕著に起こるため，容易に干渉稿が見えるのである．

6・3・4 薄膜での干渉

非常に薄い透明な膜で光が反射すると，表面と裏面での反射光が干渉する．これについて考えてみよう．

薄膜での干渉の仕組みを図6・10に模式的に示す．膜厚 d，屈折率 $n(>1)$ の膜に入射角 θ_i で入射する位相がそろった光 L_1, L_2 を考える．光 L_1 は空気中から薄膜表面の点Aで屈折し，裏面点Eで反射して点Dから膜の外に出てくる．一方，L_2 は薄膜表面の点Dで反射する．この二つの光を観測する．

さて，光 L_1, L_2 の光路差を考えてみよう．AB は入射波の波面，CD は屈折波の波面であり，ここまでは二つの光は同位相である．したがって考えるべき光路差は CE+ED である．CE の延長線と薄膜の法線が交わる点をFとすると，三角形 EDF は二等辺三角形なので，ED=EF である．よって，光路差 Δ は

$$\Delta = n(\mathrm{CE} + \mathrm{EF}) = n\mathrm{CF} = 2nd\cos\theta_r$$

となる．

図6・10の光路では2回の反射が起こる．反射の際には位相変化が起こる場合があることに注意．屈折率大→小の界面で起こる反射を**自由端反射**とよび，位相は変化しない．逆に屈折率小→大の界面で起こる反射を**固定端反射**とよび，位相が逆転する（すなわち位相が π だけずれる）．点Eでの反射は屈折率 $n\to 1$ の界面で起こるため位相変化がないが，点Dでの反射は位相が逆転する．

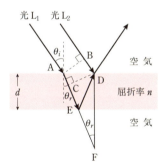

図6・10 薄膜での干渉

ここで，光 L_1, L_2 の空気中での波長を λ とすると，点Dで光 L_1, L_2 が同位相となって強め合う条件は

$$2nd\cos\theta_r = \left(m + \frac{1}{2}\right)\lambda \quad (m = 0, 1, 2, \cdots) \quad (6\cdot 4)$$

となる．右辺の（ ）内が整数ではないのは，点Dでの位相逆転があるために半波

長分 ($\lambda/2$) 余計にずれる必要があるからである. 同様に, 弱め合う条件は

$$2nd \cos \theta_r = m\lambda \quad (m = 0, 1, 2, \cdots) \tag{6・5}$$

である.

　薄膜による干渉も, 回折格子による干渉も, 共に光路差や反射によって生じる位相差で整理すると同じ現象として考えられる. すなわち, 同じ位相の二つの光に, 光路差や反射によって位相差が生じる. その位相差が π の偶数倍であれば同位相になって強め合い, π の奇数倍であれば逆位相になって弱め合うのである.

例題 6・4 図 6・9 の回折格子において, 穴の間隔 $d=2000$ nm, 入射光の波長 $\lambda=600$ nm で, 入射光が回折格子に垂直に入射した場合を考える. この場合の光が強め合う条件を求めよ.

　解 (6・2)式より, 以下のようになる.

$$2000 \times |\sin \theta_r - \sin 0| = m \times 600$$

$$|\sin \theta_r| = m \times \frac{600}{2000} = 0.300m$$

$$\sin \theta_r = 0, \ \pm 0.300, \ \pm 0.600, \ \pm 0.900$$

復習 6・3 図 6・10 の薄膜において, 膜厚 $d=1000$ nm, 薄膜の屈折率 $n=1.500$, 入射光の波長 $\lambda=600$ nm のときに, 光が強め合う条件を求めよ.

まとめ 6・3
- 同位相の光が異なる光路を通って位相差が生じた場合, 干渉が起こる.
- 干渉し合う光の位相差が π の偶数倍であれば強め合い, π の奇数倍であれば弱め合う.

タマムシがきれいな訳

　本章の冒頭でふれたタマムシや真珠の光沢は干渉現象によるものである. タマムシの羽が色鮮やかな色彩を呈しているのは, 緑色や赤色の色素が豊富にあるためではなく, 透明な薄膜が何層も積み重なった多層構造により特定の波長の光が強く反射されるためである. 真珠も炭酸カルシウムの微結晶をキチン質などの生体高分子がつなぎ留めたレンガを積み重ねたような多層構造をもっている. この構造が広い波長範囲の可視光を効率よく反射するため, 独特の真珠光沢をもつのである. このような機構による発色を**構造色**とよぶ.

6・4 レンズ

　光の性質をうまく利用した道具に顕微鏡や虫眼鏡がある．これらの道具に**レンズ**は欠かせない．本節ではさまざまなレンズを紹介し，凸レンズと凹レンズについて詳しく説明する．

6・4・1　球面レンズ

　レンズは大きく球面レンズと非球面レンズに分けられる．球面レンズはレンズ面が球面の一部となっている．さらに球面レンズは凸面と凹面の組合わせで6種類ある（図6・11）．凹メニスカスレンズは近視矯正眼鏡に使われている．

図6・11　球面レンズ

6・4・2　凸レンズ

　両面が対称な凸面になっている両凸レンズを考える．両凸レンズは，単に**凸レンズ**とよばれることが多い．レンズの二つの球面の中心を結ぶ直線を**光軸**とよぶ．図6・12のように光軸に平行な光を凸レンズに照射すると，光はレンズの透過側の光軸上の1点Fに集まる．これを**焦点**とよぶ．焦点はレンズの両側の対称な位置に二つある．レンズの中心Oから焦点Fまでの距離を**焦点距離**とよぶ．この仕組みを利用して，虫眼鏡で太陽光を1点に集めて黒い紙に当てる実験をしたことがある人も多いだろう．

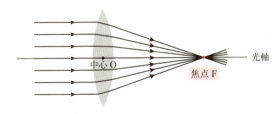

図6・12　凸レンズを通る光

焦点より外側に物体を置くと，透過側に物体と相似な像ができる（図6・13）．そこにスクリーンを置けば，スクリーンに物体の像が倒立して映し出される．これを**実像**とよぶ．

一方，焦点より内側に物体を置くと，レンズ透過側には像を結ばない．しかし，逆に透過側から見ると，実物より大きい像が見える（図6・14）．これを**虚像**とよぶ．虫眼鏡で物を拡大して観察するときは虚像を見ているのである．

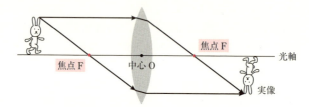

図6・13　凸レンズによりできる実像

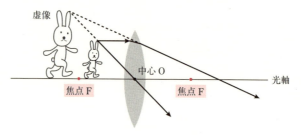

図6・14　凸レンズによりできる虚像

6・4・3 凹レンズ

両凹レンズは両面が対称な凹面になっており，単に**凹レンズ**とよばれることが多い．レンズの二つの球面の中心を結ぶ直線を**光軸**とよぶ．図6・15のように，光軸

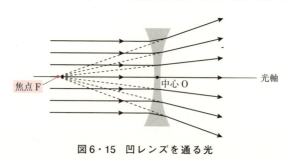

図6・15　凹レンズを通る光

に平行な光を凹レンズに照射すると，光はあたかも入射側の焦点 F から発したかのように広がって進む．

> **まとめ 6・4**
> - 凸レンズに平行な光を入射すると，焦点に光が集まる．
> - 凹レンズに平行な光を入射すると，広がって進む．
> - 凸レンズの焦点の内側に物体を置くと，拡大して見ることができる．

演習問題

6・1 図 6・16 のように，管 ACB と ADB(D が可動) の中を伝わる音を考える．A から音を入れて B で観測する．はじめ両方の管は同じ長さであり，B では大きな音が聞こえていた．ここで D を図の下方向に長さ d だけ引き出して，B での音の大きさを観測したところ，$d = 0.20$ m のとき初めて音が小さくなった．
1) この音の波長を求めよ．
2) 次に音が小さくなるときの長さ d を求めよ．

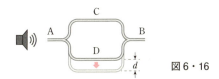

図 6・16

6・2 図 6・17 のように，2 枚の平面ガラスを重ねて，一方の端に太さ $D = 0.100$ mm の髪の毛を挟み込み，三角形の隙間をつくった．ガラスが接している点 O から髪の毛までの距離 $L = 2.00 \times 10^{-1}$ m である．このとき，上方から波長 $\lambda = 5.50 \times 10^2$ nm の光を入射し，上方で反射光を観察したところ，明暗の縞模様が見えた．この縞模様を図示せよ．ただし，平面ガラスの厚さは十分に厚く，その屈折率を 1.5 とする．

ヒント：上のガラスの下面と下のガラスの上面で反射する光が干渉する．

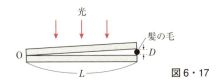

図 6・17

7 熱とエネルギー

暑い，寒い，熱い，冷たい，温度が高い，温度が低いなどの言葉は，身近な感覚を表すときや気象情報を伝えるときなど，日常的に使われている．この章では，実際には温度，熱はどのようなものなのか，どのように定義して，どのように理解するのが正しいのかを学んでいく．

行動目標
1. 熱と温度について，原子や分子の熱運動という視点から説明できる．
2. エネルギーの移動および熱と仕事の変換について説明できる．

7・1 熱と温度

■ **温 度** 物質の温度は物質を構成する原子や分子の振動，回転，並進などの運動の激しさを表す．

温度などの量を定義する対象として，明確な境界で外界から切り離されている領域(**系**)を考える．系には**孤立系**，**閉じた系**，**開いた系**の三つがある．熱も仕事も物質も通さない壁で囲まれ，その系以外と一切のエネルギーのやりとりがない系は"孤立系"である．図7・1の系Aは，孤立系の例である．ふたをして密封した鍋は，物質を通さずに熱を通す"閉じた系"である．生物の体を構成する細胞は細胞膜で仕切られているけれども，細胞膜は熱だけでなく物質も通すことができるので"開いた系"である．

孤立系を十分に長い時間放置しておくと，温度，圧力，体積などが変化しない状態になる．この状態を**熱平衡(状態)**とよぶ．

次に，図7・2のように，熱も仕事も物質も通さない壁で囲まれた領域に異なる熱平衡状態にある閉じた系Aと閉じた系Bがあり，それらを熱だけを通す仕切りで接触させて放置する場合を考える．十分に長い時間放置しておくと，系Aおよ

び系Bのいずれも温度，圧力，体積が一定で変化しない状態になる．この状態では，部分系である系Aと系Bも，それらを合わせた全体系も熱平衡である．このとき系Aと系Bの温度は等しくなる．

さらに，三つの閉じた系A, B, Cを考えると，"系Aと系Bが熱平衡にあり，かつ系Bと系Cが熱平衡にあるとき，系Aと系Cもまた熱平衡にある"といえる．系Bとして，水銀などを体積変化が容易にわかるガラス管に封じ込めた道具を用いることにより，系Aと系Cの温度を測定できる．これが温度計である．

図7・1　弧立系

図7・2　二つの系を接触させて，熱も仕事も物質も通さない壁内に閉じ込めた系

温度にはいくつかの種類がある．一般的に用いられている温度はセルシウス温度（摂氏）とよばれる．歴史的に最初の定義は，標準気圧 **1 atm**（$=1.013 \times 10^5$ Pa，1 Pa の定義は第2章を参照）における水の凝固点を 0 °C，沸点を 100 °C とするものであった．これに対し，第8章で説明するボイル・シャルルの法則などに関係する温度は熱力学的温度または**絶対温度** T〔K〕（ケルビン）とよばれ，私たちが普通使っているセルシウス温度 t〔°C〕と以下のような関係がある．

$$t = T - 273.15 \tag{7・1}$$

絶対温度が 0 K になる温度を**絶対零度**とよぶ．絶対零度では原子や分子などの運動がすべて停止する．装置内での特殊な系において絶対零度に近い温度（10^{-6} K）は実現しているが，絶対零度は実現していない．

■ **熱 と 熱 量**　熱とはエネルギーが伝達されるさまざまな形態のうちの一つである．ここではまず熱量を考えることから始める．図7・2で，閉じた系Aと閉じた系Bの体積がいずれも一定で変化しない場合を考える．この二つの系を接触させて，十分に長い時間放置しておくと，系Aも系Bも共通の温度 T になる．このとき系Bから系Aに移動したエネルギーを**熱**とよび，その大きさを**熱量**とよぶ．熱はエネルギーの単位をもつので，〔J〕（ジュール）で表す．また，このとき系Bが失ったエネルギーと系Aが受取ったエネルギーは必ず等しい．これを**熱量の保存**

という.

■ **熱容量と比熱** 物質の温度を 1 K 上昇させるために必要な熱量をその物質の**熱容量**とよび,単位を〔J/K〕で表す.また,単位質量当たりの熱容量をその物質の**比熱**とよび,単位を〔J/(K·g)〕で表す.

> **例題 7・1** 質量が 100 g である物質の温度を 20 ℃ から 40 ℃ に上昇させるために与えた熱量は 2.0×10^3 J であった.この物質の熱容量と比熱を求めよ.
> **解** 熱容量は物質を 1 K 上昇させるために必要な熱量であるから
> $$\frac{2.0 \times 10^3}{40 - 20} = 1.0 \times 10^2 \text{ J/K}$$
> である.比熱は単位質量当たりの熱容量であるから
> $$\frac{1.0 \times 10^2}{100} = 1.0 \text{ J/(K·g)}$$
> となる.

■ **物質の三態** 物質は一般的に系の温度と圧力に依存して集合状態を変え,**固体,液体,気体**のいずれかの状態になる.固体中では集合した原子や分子の間に強い相互作用(力)がはたらき,互いに位置を入替えずに振動している.固体の温度は,この振動の激しさの度合いを表している.液体中では,原子や分子は弱い相互作用(力)で集合し,運動により互いの位置を変えている.液体の温度は,その場での振動の激しさや,運動の激しさの度合いを表している.気体中では,原子や分子は集合せずに運動している.気体の温度は,原子や分子の運動の激しさの度合いを表している.物質が固体から液体になる温度を**融点**,液体から気体になる温度を**沸点**とよぶ.

■ **潜熱** 圧力一定の条件下で物質に熱を与え続けると,その物質に特有の温度(融点)で固体から液体に変化するが,固体と液体が共存する間は温度が変わらない.固体から液体になるために必要な熱量のことを**融解熱**とよび,通常は単位質量当たりのエネルギー〔J/g〕で表す.同様に,物質が液体から気体になるために必要な熱量を**蒸発熱**とよび,単位は〔J/g〕である.

融解熱は,固体中の原子または分子間の相互作用を強いものから弱いものに変化するのに必要なエネルギーとみなせる.蒸発熱は液体中での原子や分子間の弱い相互作用をなくし,気体として運動するのに必要なエネルギーとみなせる.

融解熱や蒸発熱など,物質の三態が変化するときに放出・吸収される熱量を総称して**潜熱**とよぶ.

■ **熱 膨 張**　温度は，固体では物質の振動の激しさ，液体では原子や分子の振動と回転や位置の入替わりの激しさ，気体では原子や分子の並進と回転の激しさを表している．一般に，同じ圧力のもとにある物質は，温度が上がれば上がるほど体積が大きくなる．このことを**熱膨張**とよぶ．熱平衡でなくても，熱が与えられれば体積は大きくなる．体積変化率があまり大きくない範囲での単位体積当たり，単位温度変化当たりの体積変化のことを**体積膨張率**とよび，単位〔1/K〕を用いる．また単位長さ当たり，単位温度変化当たりの長さの変化のことを**線膨張率**とよび，単位〔1/K〕を用いる．すなわち線膨張率が α で長さが l である物質の温度が ΔT だけ変化したとき，長さの変化 Δl は

$$\Delta l = \alpha l \Delta T \tag{7・2}$$

と表せる．多くの場合，線膨張率は正になるが，例外として水があげられる．水の体積は 4 ℃ のときに最も小さくなる．これは，水分子の構造的特徴と分子間の相互作用(水素結合)を反映した性質である．

> **まとめ 7・1**
> - 温度とは物質を構成する原子や分子の運動の激しさを表す．
> - 熱とは高温から低温へと移動するエネルギーのことである．
> - 物質は温度と圧力に応じて固体，液体，気体のいずれかの状態になる．

7・2　エネルギーの変換による資源の利用

7・2・1　熱と仕事の関係

■ **仕事による熱の発生**　物と物とを擦り合わせると，擦り合わさった箇所が熱くなる．このとき，擦った表面が微小に変形してばねのように弾性的なエネルギーが蓄えられ，その変形がもとに戻るときに振動し，その振動が他の箇所にも伝わる．物質の三態や熱膨張の説明(§7・1)でもふれたように，固体の温度は物質を構成する原子や分子の振動の激しさを表しているので，擦り合わさった箇所ならびにその周辺の温度が上がると考えられる．

　分子や原子のレベルで考えると，擦り合わせたときの表面の分子や原子の位置関係構造がひずみ，ひずみによるエネルギーが蓄えられ，もとに戻るときに原子や分子が振動し，その振動が周囲の原子や分子に伝わる．擦ることにより局所的に加わる力が限界を超えると局所的な構造が破壊されるが，局所的な構造の破壊，化学変化，分子や原子の電子状態の励起や発光が起こらない限りは，擦ることで直接生じた力学的エネルギーは振動に変わる．

　物体表面の原子や分子の振動が接触している空気などに含まれる気体分子に伝わ

ることにより，エネルギーは散逸していく．このようにして発生した熱の大部分は，最終的に空気などの気体分子の運動エネルギーに変わる．分子，原子のレベルで見れば，熱とよばれているエネルギーも力学的エネルギーとみなせる．

■ **ジュールの実験**　英国の物理学者 J. P. Joule(ジュール)(1818～1889年)は，羽根車を水槽の中にセットし，羽根車がおもりで回転することにより水槽の水を動かしながら水の温度を測定する装置を考えた．図7・3のように，おもりをのせる台，台の高さの変化を記録するための物差しを2セット用意して，両方向に動かしながら測定できるようにした．熱を加えると温度が上がること，水の比熱は 1.0 cal/(K·g)という値であることは，Joule の時代にはすでに知られていた．また，おもりが鉛直下向きに移動するときにおもりにかかる重力がする仕事も知られていた．ここでいう仕事とは，$W = \boldsymbol{F} \cdot \boldsymbol{x}$，すなわち物体にかかる力 $\boldsymbol{F}$ と，その力により物体が移動した変位ベクトル $\boldsymbol{x}$ との内積で表される(第3章)．Joule は重力のした仕事(おもりの落下により羽根車が回転する)がすべて水の温度を上げる熱になると仮定し，熱量と仕事の関係を求めた．すなわち，重力のした仕事 W をおもりの質量 m，重力加速度の大きさ g，おもりの移動距離 h の積として表した式と，水の温度上昇に使われた熱量を水の質量 m_w，比熱 C_w，温度上昇 ΔT の積として表した式

$$W = mgh \quad [\mathrm{J}] \tag{7・3}$$

$$m_\mathrm{w} C_\mathrm{w} \Delta T \quad [\mathrm{cal}] \tag{7・4}$$

が等しいと仮定し，熱量と仕事の比例定数を求めた．この定数を**熱の仕事当量**とよぶ．

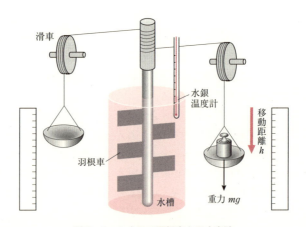

図7・3　おもりで羽根車を回す実験

例題 7・2 Joule の実験で得られた熱の仕事当量を J で表し, その単位を 〔J/cal〕とするとき, 仕事当量 J を求める式を示せ.

解 (7・3)式, (7・4)式は等しいと仮定すると

$$mgh = Jm_w C_w \Delta T$$

$$J = \frac{mgh}{m_w C_w \Delta T}$$

となる.

復習 7・1 Joule の羽根車の実験装置で 1 kg のおもりを 4.3 m 動かしたときに 100 g の水の温度が 0.10 K 上昇した. このときの仕事当量を計算しなさい. 重力加速度の値を 9.8 m/s² とする.

この実験に先立ち, Joule は抵抗 R に流れる電流 I と水の温度変化から, 電流が水に与える熱は RI^2 に比例することを明らかにしていた. これを**ジュールの法則**とよび, 発生する熱を**ジュール熱**とよぶ(第 10 章).

そこで, 重力のする仕事が水に与える熱は, 羽根車ではなく電磁誘導(第 11 章)という別の形でも伝わると考え, Joule は, 図 7・4 に示すように磁場中に置いたコイルを水中に浸し, コイルの軸をおもりで動かすことで, 位置エネルギーを電気エネルギーに変換し, 電気エネルギーをジュール熱により水に伝える実験を行った. この比例定数は羽根車の実験のおもりにかかる重力のする仕事と水に与えられた熱

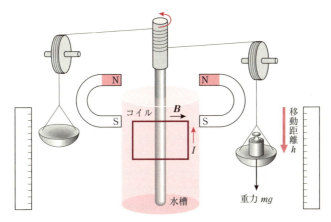

図 7・4 おもりでコイルを回す実験 B は磁束密度, I は電流を表す (磁束密度については第 11 章を参照).

との比例定数とほぼ同じ値になった．

これらの実験により，熱は仕事と等価であり，エネルギー伝達の一形態であることが確かめられた．たとえば，自動車のエンジンではエネルギーは次のように変換される．まず燃料と空気を圧縮して点火すると爆発し，燃料分子に蓄えられた化学結合エネルギーが熱エネルギー（気体分子の運動エネルギー）として放出される．この爆発（気体分子の運動）によりエンジンのピストンの往復運動が起こる．運動の向きをクランクカムにより往復運動から回転運動へと変換することにより車軸が回転し，タイヤと地面との摩擦により自動車全体は地面に沿って運動する．

7・2・2　いろいろなエネルギー

■ **光エネルギー**　　植物は，光が原子や分子中の電子をエネルギーの低い準位（基底状態）からエネルギーの高い準位（励起状態）へと励起することにより，化学変化のきっかけをつくることを利用して光合成を行っている．太陽電池は，光が半導体内の電子を励起することにより電流が生じる現象を利用している．太陽光中の赤外線は地上の物体を温める．これは多くの物質が赤外線を吸収する（電子状態に由来する）エネルギー準位をもっているからである．

■ **化学エネルギー**　　化学反応により生じるエネルギーをさす．たとえば燃焼も化学反応（発熱）の一種である．乾電池は，化学反応により電位差が生じることを利用している．

■ **核エネルギー**　　A. Einstein（アインシュタイン）は，質量とエネルギーの同等性を表す $E = \Delta mc^2$（c は光速）の式を導いたが，原子核の総質量が変化するとき，変化した質量 Δm に比例したエネルギー Δmc^2 が放出される．核反応の種類には核分裂と核融合がある．核分裂は，原子核の陽子数が大きい原子核が陽子数の小さい複数の原子核に分裂する反応である．現在実用化している原子力発電は，すべて核分裂を利用している．核融合は複数の原子核が集まって一つの原子核になる反応であり，総質量は小さくなる．核融合を利用して発電する核融合炉も研究されている．宇宙空間では恒星（たとえば太陽）の安定的なエネルギーの放出や，超新星爆発（大きな質量をもつ恒星の大規模な爆発現象）でも核融合が起こっている．

7・2・3　エネルギーの変換と保存

エネルギーの形態が変わっても，エネルギーの総和は変化しない．これを**エネルギー保存則**という．たとえば摩擦では，力学的エネルギーが熱エネルギーに変換される．乾電池では，化学エネルギーが電気エネルギーに変換される．蓄電池の充電

時には，電気エネルギーが化学エネルギーに変換される．ホタルイカなどの生物が発光するときには，化学エネルギーが光エネルギーに変換される．いずれの場合もエネルギー保存則に従う．

エネルギー保存則は，厳密には**エネルギーは孤立系内では保存する**と記述すべきである．すなわち，エネルギー変換が起こる際に関わるものすべてを系とみなすと，その系は孤立系となり，エネルギーが保存されることになる．

すべてのエネルギー変換ではエネルギーは保存するが，エネルギーの形態の変わり方には，逆向きにはけっして起こらない場合がある．たとえば，机を消しゴムで擦ると擦れた部分の温度が上がるが，逆に机の上に置いた消しゴムと机の間を温めたからといって，机の上に置いた消しゴムが机と擦れるような運動を始めることはない．

7・2・4 エネルギー資源

自然界に存在する状態でほとんど変換，加工せずに利用できるエネルギー資源を**一次エネルギー**とよぶ．一次エネルギーには，石油(原油)，石炭，天然ガスといった化石燃料，天然ウラン，太陽光などがある．一次エネルギーを日常利用のために加工して，より使いやすくしたエネルギー資源を，**二次エネルギー**とよぶ．二次エネルギーには，電気，ガソリン，精製するときに分離される石油ガスなどがある．以下に，代表的なエネルギー資源とその利用法を説明する．

■ **化石燃料**　石油や天然ガスは，植物プランクトン，藻類，それらを餌にしている生物の死骸が組織の一部を残したまま湖底などにたまり，堆積物中で長い年月圧力や熱にさらされて化学変化が起こり，その一部が分離されて流出しない環境下にたまったものである．

石炭はおもに植物が組織の一部を残したまま地中にたまり，長い間高い圧力や熱にさらされることにより化学変化が起こり，固まったものである．

化石燃料を利用した発電には，**火力発電**がある．火力発電は化石燃料などを燃焼することにより水を加熱し，その熱水による蒸気で**蒸気タービン***を回し，電磁誘導を利用して力学的エネルギーを電気エネルギーに変換している．

■ **原子力**　現在実用化されているのは，核分裂による**原子力発電**である．原子力発電では核分裂で発生した熱により水を加熱し，その熱水による蒸気で蒸気タービンを動かすことにより，力学的エネルギーを電気エネルギーに変換している．

---

*　タービンとは流体を羽根車(翼)に当て，流体の圧力，速度を回転運動に転換する装置である．

■ **太 陽 光**　地球に届く太陽からの放射エネルギーは年間を通じてほぼ一定である．1 m^2 当たりの地表に届く太陽放射の仕事率を太陽定数とよび，その値は 1.366 kW/m^2 である．太陽光の直接的な利用として以下のようなものがあげられる．

- **太陽光発電**：太陽光発電では，半導体に当てた太陽の光子が半導体の電子を励起して電流を生じさせ，電力を得ている．
- **太陽熱**：地表に届く太陽からの放射には，多くの赤外線が含まれている．この赤外線の吸収により水，油，溶融塩などの液体は熱せられ，太陽熱給湯システムなどに利用されている．
- **太陽光集熱**：太陽光を放物面鏡などで集光し，放物面の焦点付近に置いた液体を温める太陽光集光集熱システムも利用されている．

風力は，太陽エネルギーによって大気が局所的に温められることによる圧力差がもとで生じる，太陽放射が起源のエネルギーである．直接的な風が原因で生じる風波，低気圧が原因で生じるうねりも太陽エネルギーを起源とするエネルギーの形態である．**風力発電**は，風車が風を受けて回ることにより生じる運動エネルギーを発電に利用している．

気圧差によってできる低気圧，前線で降る雨は低地にあった水を高所に降らせ，**水力**として利用できる位置エネルギーを蓄える．水力もまた太陽放射を起源とするエネルギーである．**水力発電**は，水の圧力により生じる運動エネルギーを用いてタービンを回し，力学的エネルギーを電気エネルギーに変換する．

■ **その他のエネルギー資源**　地表で獲得するエネルギーの主たる要素のうち，地熱と潮汐力は太陽エネルギーを起源としない．

- **地熱発電**：**地熱**とは，地下，すなわち地殻，マントル，核で発生する熱の総称である．地熱の発生源の約半分が放射性元素の壊変とされている*．残りは原始地球の高温状態の名残や，地磁気中を導電性の元素が運動することで生じる電流によるジュール熱などが考えられているが，いずれも太陽エネルギーを起源としていない．**地熱発電**では地熱により水を熱し，熱水による蒸気をつくる．蒸気でタービンを回して発電機を動かしている．
- **潮汐力発電**：**潮汐力**は地球と月の引力によって生じる力であり，**潮汐力発電**では潮汐時の海水の流れでタービンを回し，発電機を動かしている．

＊　これはコンドライトとよばれる隕石の元素組成分析結果に基づいた地球形成モデルからの予測，東北大学大学院理学研究科附属ニュートリノ科学研究センターの反電子ニュートリノの観測からの見積もりによる．

太陽光発電以外ではタービンを用いて流体の圧力，速度を伴う流れのエネルギーを回転の運動エネルギーに変換し，電磁誘導の法則により電気エネルギーに変換する方式が採用されている．

7・2・5 エネルギーの有効利用

■ **エネルギーの散逸**　エネルギーは変換されるが，その総和は変わらない．たとえば，地球に届いた太陽放射，地熱，潮汐力によるエネルギーの総計は，最終的には電磁波（おもに赤外線）の放射として地球外に放出される＊．

■ **ヒートポンプ**　蒸気機関，自動車に用いるガソリンエンジンなどは高温熱源から熱を取込み，低温熱源に熱を捨てる過程を通じて，仕事を取出している．このような装置のことを**熱機関**とよぶ．一方，冷蔵庫，エアコンでは外部からの仕事を装置にすることで，低温熱源から熱を取込み，高温熱源に熱を捨てることにより，温度差とは逆向きに熱を伝え，冷却，暖房に利用している．このような装置のことを**ヒートポンプ**とよぶ．

■ **白熱電球・電球形蛍光灯・LED電球**　**白熱電球**では，抵抗に電流を流すことにより抵抗の温度を上げて，発光させている．この装置では先に述べたジュール熱により，電気エネルギーが光エネルギーの他に，熱エネルギーに変換されている．

蛍光灯では，希薄に原子を封入した蛍光管に高電圧をかけ放電することによって封入原子の電子を励起する．電子が励起状態から基底状態に戻るときに紫外線が生じ，蛍光管の内側に塗布されている蛍光物質の電子を励起する．蛍光物質の電子が基底状態になるときに，可視光線が発せられる．電流は小さいために消費電力は小さく，熱エネルギーに変換される割合も小さくなる．

LED（light emitting diode）は順方向に電圧をかけた発光ダイオードを利用する．電流が小さい範囲で，かつ十分に発光する電圧に調節することで消費電力を抑えることができる．

> **まとめ 7・2**
> - 仕事は熱に変換できる．
> - エネルギーはいろいろな形に変換できる．
> - エネルギーの形態が変わっても，エネルギーの総和は変化しない．

＊　最近の研究では，大気を含む地球という系で考える場合，中長期的にはエネルギー収支が負で少しずつ温度が下がっていることがわかってきた．ただし，過去のエネルギーが蓄積された化石燃料の燃焼を含む温室効果ガスの地中からの放出により短期的，局所的（特に北極付近）には温度が上昇傾向にある．

演習問題

7・1 320 K は何 °C か．また，25 °C は何 K か．

7・2 ある物体に 600 J の熱量を与えたところ，温度が 20 °C から 30 °C に上昇した．この物体の熱容量は何 J/K か．

7・3 質量 50.0 g の鉄を加熱して，544 J の熱量を与えたところ，温度が 25.0 °C から 50.0 °C に上昇した．鉄の比熱は何 J/(K·g) か．

7・4 銅とアルミニウムの比熱は，それぞれ 0.379 J/(K·g)，0.880 J/(K·g) である．同じ質量の鍋ならばどちらが温まりやすいといえるか．

7・5 熱容量 95.0 J/K の容器に 100 g の水を入れたところ，25.0 °C で一定になった．この中に 80.0 °C に熱した質量 50 g の金属球を入れたところ，温度が 31.0 °C になった．このとき，金属の比熱は何 J/(K·g) か．熱は水，容器，金属球の間だけで移動し，水の比熱を 4.22 J/(K·g) とする．

7・6 新幹線などに使われている鋼鉄製のレールは常温 (20 °C) で，長さ 1000 m である．鋼鉄の線膨張率 α を 1.15×10^{-5} [1/K] とすると，レールが固定されていないときには温度 (50 °C) では常温のときから何 m 伸びるか．

7・7 融点にある氷 40.0 g をすべて同温度の水にするために必要な熱量は何 J か．氷の融解熱を 335 J/g とする．

7・8 沸点にある水 130 g がすべて同温度の水蒸気になるとき，吸収される熱量は何 J か．水の蒸発熱を 2.26 kJ/g とする．

応用問題

7・9 線膨張率の異なる金属 A，B を常温でまっすぐな形状のまま接着したものをバイメタルとよぶ．A の線膨張率が B よりも大きいとき，常温より温度を上げたときには，どちらの方向に曲がるか．また常温より温度を下げたときには，どちらの方向に曲がるか．

7・10 60 W の白熱電球，電球型蛍光灯，LED 電球の現在の実勢価格と平均寿命，標準的な電気代を調べ，経済的にはどれが一番得か，結論せよ．

8 気体分子の運動

日常生活で,空気が分子であることには気づきにくい.でも,気温が高いとか低いとか,タイヤの空気圧が足りないとか,風船を膨らませたりといった現象をとおしては実感するだろう.空気の実体は,窒素や酸素などの分子が密度が低い状態でランダムに運動しているものである.本章では,気体の温度や圧力といった物理量が気体分子の運動と密接な関係にあること,それらが外から加えられる熱や仕事によって変化することを学んでいこう.

1. 気体分子の運動と圧力の関係について説明できる.
2. 気体の内部エネルギーを気体の分子運動と関連づけて説明できる.
3. 気体の状態変化における熱,仕事および内部エネルギーの関係を気体の分子運動と関連づけて説明できる.

8・1 気体分子の運動と法則
8・1・1 気体分子の速さと圧力

■ **標準状態** 熱力学的な状態量は,測定する平衡状態によって変化する.そこで,熱力学的な状態量を比較するときの基準として**標準状態**を設定する.気体の標準状態は,温度と圧力を指定することで定義できる.よく使われるのは,常温・常圧(標準環境温度 25 ℃, 100 kPa)の標準状態 SATP(standard ambient temperature and pressure)と,0 ℃で常圧〔標準温度 273.15 K($=0$ ℃),1.013×10^5 Pa($=1$ atm)〕の標準状態 NTP(normal temperature and pressure)の二つがある.

ここではまず,常温・常圧の標準状態における 1 mol の気体分子の運動や圧力について考える.このときの体積は 24.8 L となるので,単位体積(1 L)当たりの気体分子の数は,$6.02\times10^{23}/24.8=2.43\times10^{22}$ である.単位体積当たりの粒子数のこと

を**数密度**とよぶ.

■ **気体分子の速さ**　気体分子の運動の速さとして，最頻値，根二乗平均速さ，平均の速さの3通りを考える．実際の気体分子はいろいろな方向，速さで運動している．このときの速さの分布は温度によって決まっており，図8・1に示す**マクスウェル−ボルツマン分布**に従う．ある系で速さが v と $v+dv$ の間にある気体分子の分布の頻度が最も高くなる速さの値を速さの**最頻値**といい，そのときの速さを v_{mp} とする．最頻値と気体分子の質量や温度との間には

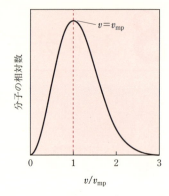

図8・1　マクスウェル−ボルツマン分布
横軸は分子の速さと速さの最頻値の比，縦軸は速さが v, $v+dv$ の区間にある分子の相対数を表している．

$$v_{mp} = \sqrt{\frac{2k_B T}{m}} \tag{8・1}$$

の関係がある．k_B はボルツマン定数であり，$k_B = 1.38 \times 10^{-23}$ J/K である．室温における気体分子の速さは気体の種類によって異なる．たとえば，空気の主要な成分である窒素分子と酸素分子について考えてみたい．1分子の質量は m(窒素)＝$28 \times 10^{-3}/(6.02 \times 10^{23})$ kg である．したがって窒素分子の運動の速さの最頻値は，$T = 300$ K のとき

$$v_{mp} = \sqrt{\frac{2 \times 1.38 \times 10^{-23} \times 300 \times 6.02 \times 10^{23}}{28 \times 10^{-3}}} = 422 \text{ m/s}$$

である．空気の第二成分である酸素〔$m = 32 \times 10^{-3}/(6.02 \times 10^{23})$ kg〕では，同様の計算により $v_{mp} = 395$ m/s となる．空気中の窒素分子や酸素分子の速さの最頻値は約 400 m/s であることがわかる．

気体分子の運動において**根平均二乗速さ**とは，速さの2乗の平均の平方根をとったものであり，$\sqrt{(3/2)}v_{mp}$ で表される．**平均の速さ**とは速さの平均のことであり，$(2/\sqrt{\pi})v_{mp}$ で表される．

■ **気体分子の壁面への衝突が及ぼす力**　1 L（＝10 cm×10 cm×10 cm）の容器中の気体分子について考えてみると，上記の気体分子の数密度と速さから，膨大な数（2.4×10^{22} 個）の気体分子が非常に高頻度（1個当たり 4000 回/s）で容器の壁に衝突することがわかる．このとき，気体から壁にはたらく力は，個々の気体分子がぶつ

かる力をすべて足し合わせたものとして求められる.

■ **気体分子の圧力**　圧力や温度は，多くの気体分子の速度や速さの分布を平均化した特徴を表している．たとえば，本章で説明する気体分子が壁に及ぼす圧力は，単位面積の壁にはたらく平均的な一定の力と定義する．このように多くの気体分子のもつ量を平均することなどにより得られる系の特徴を表す量のことを，**巨視的(マクロ)な量**とよぶ．一方，個々の気体分子や少数の気体分子の速度や質量などの物理量のことを，**微視的(ミクロ)な量**とよぶ．

圧力の単位には〔Pa〕(パスカル)が用いられる(1 Pa の定義については§2・2・2 を参照)．

8・1・2　ボイル・シャルルの法則

■ **ボイルの法則**　R. Boyle(1627〜1691 年)は，気体の温度が一定のときには圧力 p と体積 V の積が一定になることを実験により示した(図 8・2)．調べたい気体を図のJ字管の短い管の先に入れる．長い管の先からゆっくりと水銀を注ぎ入れ，水銀の高さが長い管内と短い管内とで同じになるようにする．このとき短い管に封入した気体の圧力は，大気圧と等しい(図 8・2a)．ここに水銀を少しずつ足していくと，水銀の高さに差が生じてくる．このときの水銀の高さの差を測定する(図 8・2b)．水銀の高さの差と水銀の密度(厳密には重量密度)および大気圧から，J字管の先の気体の圧力を計算することができる．この圧力 p と封入されている気体の体積 V との関係を Boyle は調べた．実験結果から

$$pV = 一定 \quad (温度一定のとき) \qquad (8・2)$$

が成り立つことが明らかになった．この関係を**ボイルの法則**とよぶ．

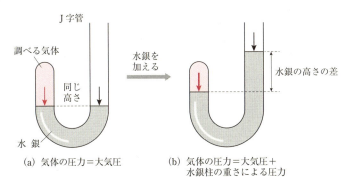

図 8・2　J字管を用いて閉じ込めた気体の圧力を測る方法
⟶：調べる気体の圧力，⟶：大気圧

例題 8・1 水銀の重量密度を ρ，J字管の断面積を S とし，J字管に封入されている気体の圧力が外気圧に比べ Δp 高く，J字管に入っている水銀面の高さの差が h のときに水銀面が止まっているとする．このときの Δp を ρ, S, h, g を用いて表しなさい．ここで g は重力加速度の大きさとする．

解 閉じ込められた気体の圧力を p_short とすると，J字管の短い管の水銀面にはたらく力は $p_\text{short} S$ である．また，大気圧を p_long とすると，J字管の長い管における短い管の水銀面と同じ高さにある水銀面にはたらく力は，大気圧による力と水銀柱の重さによる力の和であるので，$p_\text{long} S + \rho g h S$ である．この2力がつり合っているので，$p_\text{short} S = p_\text{long} S + \rho g h S$ が成り立つ（図 8・3）．さらに $\Delta p = p_\text{short} - p_\text{long}$ であるので，$\Delta p = \rho g h$ と表せる．

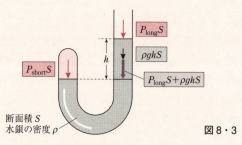

図 8・3

■ **シャルルの法則** J. A. C. Charles（シャルル）(1746〜1823年)は，常温かつ常圧で，異なる気体を五つの同じ風船に同じ大きさ(体積)になるように詰めた．これを 80 ℃ に加熱したところ，すべての風船が同じ大きさまで膨らんだ．

Charles は，さまざまな気体に対して体積一定のもとでの圧力変化 Δp が摂氏温度 t ℃ の1次式で表されることを明らかにした(図 8・4a)．J. L. Gay-Lussac（ゲイリュサック）(1778〜1850年)は，圧力一定のもとで気体の温度を変化させたときの体積変化を測定し，次のような**シャルルの法則**として発表した(図 8・4b)．

$$\frac{V}{T} = 一定 \quad (圧力一定のとき) \tag{8・3}$$

■ **ボイル・シャルルの法則** ボイルの法則とシャルルの法則をまとめると，$pV \propto T$，すなわち

$$\frac{pV}{T} = 一定 \tag{8・4}$$

という関係になる．この関係を**ボイル・シャルルの法則**とよぶ．

圧力が密度と温度に比例し，内部エネルギーが密度，すなわち分子間の距離に依

存しない気体を**理想気体**とよぶ．実際の気体で理想気体とみなせるのは，気体分子の数密度が小さく，互いに排斥し合う効果を含め分子間の相互作用を無視できる気体である．定義により，理想気体はボイル・シャルルの法則に完全に従う．常温・常圧での実在気体は十分に希薄なので，理想気体とみなすことができる．

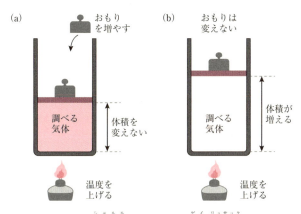

図 8・4　(a) Charles（シャルル）の実験，(b) Gay-Lussac（ゲイ リュサック）の実験

8・1・3　理想気体の状態方程式

標準状態のところ(§8・1・1)で少しふれたように，〔mol〕(モル) とは物質量の単位である．物質量を定める定数として**アボガドロ定数** $N_A = 6.02214076 \times 10^{23}\,\mathrm{mol}^{-1}$ がある．1 mol とは $6.02214076 \times 10^{23}$ 個の要素粒子を含む物質量である．

n mol の理想気体に対して次式が成り立つ．

$$pV = nRT \tag{8・5}$$

これを理想気体の状態方程式とよぶ．ここで R は**気体定数**，$R = 8.31\,\mathrm{J/(mol \cdot K)}$ である．

複数種の成分が混合されている気体も，単一成分の気体と同じように扱うことができる．ただし，個々の成分の圧力は**分圧**を用いて表す．分圧とは，混合気体の圧力に各成分の**モル分率**をかけたものである．たとえば，3 成分系では

$$p = p_A + p_B + p_C$$
$$n = n_A + n_B + n_C$$
$$p_A V = n_A RT, \quad p_B V = n_B RT, \quad p_C V = n_C RT$$
$$pV = p_A V + p_B V + p_C V = nRT$$

が成り立つ．すなわち"混合気体の圧力は，同温・同容積において各成分気体が示す圧力の和に等しい"ことが成り立つ．これを**ドルトンの法則**とよぶ．

8・1・4　分子運動と圧力

今までは圧力を巨視的な量としてとらえてきた．本項では，圧力を微視的な量としてとらえ，巨視的な量としての圧力との関係を考えてみよう．

実際の気体では多くの分子がさまざまな方向と速さで運動している．ここでは，気体分子の運動と気体分子が壁に及ぼす圧力との関係を導くために，簡単なモデルとして，一辺が l の立方体の容器中の気体を考える（図 8・5a）．気体分子を質量 m の質点として考える．気体分子同士の衝突は無視し，気体分子の容器壁への衝突は弾性衝突であり，衝突により壁は動かないとする．気体分子の衝突の前後で接線方向の速度は変化せず，法線方向の速度は反転する（図 8・5b）．以下，各項目について詳しく説明する．

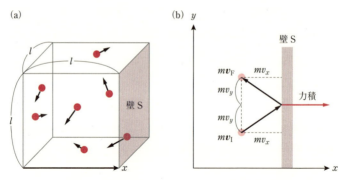

図 8・5　気体分子のモデル　(a) 一辺が l の立方体の容器中の気体
(b) 衝突直前の気体分子の運動量 $m\boldsymbol{v}_\mathrm{I}$ と衝突直後の運動量 $m\boldsymbol{v}_\mathrm{F}$

- 1回の衝突で壁が分子から受ける力積：立方体の壁の一つを考える．1回の弾性衝突により質量 m の分子から壁が受ける力積を，壁 S の法線方向の速度成分 v_x を用いて算出すると，**力積** $= 2mv_x$（壁の法線方向）となる．
- 分子が再び同一の壁と衝突するまでの時間：モデルの仮定である"分子は他の分子とは衝突せず等速直線運動していること"より，衝突の時間間隔 Δt は

$$\Delta t = \frac{2l}{v_x} \qquad (8 \cdot 6)$$

8・1 気体分子の運動と法則

となる.

- **壁 S が一つの分子から受ける平均の力**: 分子の衝突による力積と衝突の周期から，衝突による単位時間当たりの平均的な力（一定の力）を算出すると

$$ 力積 = 一定の力 \times 時間(\Delta t) \tag{8・7}$$

$$ 一定の力 = \frac{2mv_x}{\frac{2l}{v_x}} = \frac{mv_x^2}{l} \tag{8・8}$$

となる.

- **壁 S が N 個の分子から受ける圧力**: 速度の x 成分の 2 乗を用いて，N 個の分子から受ける平均の力を表すことにする. 立方体の中にある気体の分子数 N は，気体の数密度 n_d に体積 l^3 をかけたものなので

$$ 圧力 p = \frac{一定の力 \times 粒子数 N}{面積} $$

$$ = \frac{\frac{mv_x^2}{l} n_\mathrm{d} l^3}{l^2} = n_\mathrm{d} m v_x^2 \tag{8・9}$$

と表すことができる.

ここまでの説明では，毎回同じ力積が加わると仮定していたので v_x^2 を用いて圧力を表したが，実際には平均値 $\overline{v_x^2}$ を用いる方が妥当である. さらには気体分子が運動する向きには偏りがないので，**速度の 2 乗の平均** $\overline{v^2}$ を用いて速度の x 成分の 2 乗の平均 $\overline{v_x^2}$ を表すことにする. 速度 v の 2 乗 v^2 は速度の各成分の 2 乗の和であり，$v^2 = v_x^2 + v_y^2 + v_z^2$ である. 分子の運動には方向に関し偏りがないので $\overline{v_x^2} = \overline{v_y^2} = \overline{v_z^2}$ である. したがって $\overline{v_x^2} = \overline{v^2}/3$ となる. これを (8・9) 式に代入すると

$$ p = n_\mathrm{d} m \overline{v_x^2} = \frac{1}{3} n_\mathrm{d} m \overline{v^2} \tag{8・10}$$

を得る. 次節では，(8・10) 式で示した速度の 2 乗の平均 $\overline{v^2}$ と圧力 p の関係から説明を始める.

まとめ 8・1
- 気体の温度や圧力は巨視的（マクロ）な量である.
- 理想気体の圧力は温度に比例し，体積に反比例する.
- n mol の理想気体の圧力 p，体積 V，温度 T の間には $pV = nRT$ という関係が成り立つ. この式を理想気体の状態方程式とよぶ.
- 気体の圧力は分子の速度の 2 乗の平均に比例する.

8・2 気体の内部エネルギー

内部エネルギーとは，ある系がもつ運動エネルギーと力学的エネルギーの総和から系の重心のエネルギーと系にはたらく外力による位置エネルギーを引き去った残りのエネルギーである．たとえば質点系の重心の座標は，各質点の質量比を重みとして各質点の座標を重みづけ平均することで得られる．

本節では，重心が静止していて外力がはたらかない系を考える．気体が希薄であり，気体分子間には衝突以外の力がはたらかないような理想気体であるとする．単原子分子に対して具体的な内部エネルギーを導出し，二原子分子の内部エネルギーがより複雑になる理由についても述べる．

8・2・1 平均の運動エネルギー

気体分子の数密度 n_d，気体分子の質量 m，気体分子の速度の2乗の平均 $\overline{v^2}$，気体が壁に及ぼす圧力 p の間には，(8・10)式で示した

$$\frac{1}{3} n_d m \overline{v^2} = p$$

という関係がある．

本節では，まず p と気体の体積 V の積を，速度の2乗の平均 $\overline{v^2}$ を用いて表すことにする．両辺に V をかけると，この体積の気体分子の数 N を用いて

$$\frac{1}{3} N m \overline{v^2} = pV \tag{8・11}$$

と表せる．一方，(8・5)式より n mol の理想気体の状態方程式は，$pV = nRT$ と表せた．2式を比べると

$$\frac{1}{3} N m \overline{v^2} = nRT \tag{8・12}$$

を得る．分子1個当たりの平均の運動エネルギーは $\frac{1}{2} m \overline{v^2}$ であるから，この部分が左辺に残るように上記の(8・12)式を変形すると

$$\frac{3}{2} \left(\frac{1}{2} m \overline{v^2} \right) = \frac{n}{N} RT$$

となり，さらに両辺に $\frac{3}{2}$ をかけて

$$\frac{1}{2} m \overline{v^2} = \frac{3n}{2N} RT \tag{8・13}$$

を得る．

ここで，ボルツマン定数 k_B は，気体定数 R をアボガドロ定数 N_A(1 mol 当たり

の気体分子の数)で割ったものに相当する.

$$k_B = \frac{R}{N_A} \tag{8・14}$$

また, $n = N/N_A$ より分子1個当たりの平均の運動エネルギーは, ボルツマン定数を用いて

$$\frac{1}{2}m\overline{v^2} = \frac{3}{2}k_B T \tag{8・15}$$

と書ける. ボルツマン定数は分子の種類によらないので, 分子1個当たりの平均の運動エネルギーは絶対温度 T に比例し, 比例定数は分子の種類によらないことがわかる.

根平均二乗速さは, "速さの2乗の平均値の2乗根"で定義される. (8・13)式を変形すると

$$m\overline{v^2} = \frac{3RT}{N_A}$$

となり, 両辺を気体分子の質量 m で割ると, 分子量(N_A 個当たりの分子の質量)を M として

$$\overline{v^2} = \frac{3RT}{M}$$

となり, さらに両辺の平方根をとると

$$\sqrt{\overline{v^2}} = \sqrt{\frac{3RT}{M}} \tag{8・16}$$

と, 分子量 M を用いて表すことができる.

8・2・2 単原子分子と二原子分子の運動エネルギー

単原子分子とは, 原子1個をそのまま分子とみなせるもので, ヘリウムやネオンなどの貴ガスが代表例である. (8・11)式を表す際の前提条件には, 気体分子は壁と弾性衝突をして, 分子の速さは変化しないということが含まれている. この条件を満たすのは, 単原子分子のときのみである. 複数の原子からなる分子には, 回転と振動が加わり, 話はずっと複雑になる. 壁に衝突するときに分子の**回転**, **振動**が変化し, 速さも変わる. さらに気体分子同士の衝突の際にも速さ, 回転, 振動が変化する.

単原子分子の運動では, 分子の位置が変わる**並進**だけを行う. 並進には3方向の**自由度**があり, 三つの座標が必要になる. 平均の運動エネルギーは(8・15)式より

$$\frac{1}{2}m\overline{v^2} = \frac{3}{2}k_\mathrm{B}T$$

であるので，1自由度当たりの運動エネルギーの平均は $\frac{1}{2}k_\mathrm{B}T$ である．

二原子分子では考え方が複雑になる．図8・6に示すように二原子分子は (a) 重心の並進3，(b) 分子の回転2，(c) 原子間結合軸の振動1の合わせて6自由度をもつ．原子間の結合軸周りでの回転の慣性モーメントはほとんど0であり，エネルギーが変わらないので考えない．また，二原子分子は常温で振動するものと振動しないものがあり，すべての二原子分子の内部エネルギーの値が $\frac{1}{2}k_\mathrm{B}T \times 6 = 3k_\mathrm{B}T$ になるわけではない．また，並進では各自由度に $\frac{1}{2}k_\mathrm{B}T$ が割り当てられていたが，振動の自由度には $\frac{1}{2}k_\mathrm{B}T$ ではなく $k_\mathrm{B}T$ が割り当てられる．したがって常温で振動するものの内部エネルギーは $\frac{7}{2}k_\mathrm{B}T$ になり，そうでないものでは $\frac{5}{2}k_\mathrm{B}T$ になる．

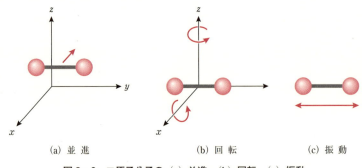

(a) 並進　　　(b) 回転　　　(c) 振動

図8・6　二原子分子の (a) 並進，(b) 回転，(c) 振動

8・2・3　単原子理想気体の内部エネルギー

単原子理想気体の内部エネルギーは，運動エネルギーの和そのものになる．理想気体では，1 mol 当たりの内部エネルギー U を N_A 個の分子の運動エネルギーとして定義する．すなわち

$$U = N_\mathrm{A}\frac{1}{2}m\overline{v^2} \tag{8・17}$$

と書き表せる．

理想気体の内部エネルギーは，気体分子の平均の運動エネルギーであるので

$$U = N_\mathrm{A}\frac{1}{2}m\overline{v^2} = N_\mathrm{A}\frac{3}{2}k_\mathrm{B}T = \frac{3}{2}RT \tag{8・18}$$

と書ける．したがって，内部エネルギーの変化 ΔU は，温度変化 ΔT を用いて

$$\Delta U = \frac{3}{2} R \Delta T \tag{8・19}$$

と書ける．U は T だけの関数である．一般には，気体の状態量は (p, V, T) で決まる．理想気体では $pV = nRT$ だから，気体の状態は (p, V, T) のいずれかの 2 変数で決まる．内部エネルギーは，理想気体の他の状態量よりも一つ少ない変数で決まる特殊な量であることに留意せよ．

まとめ 8・2
- 単原子理想気体の絶対温度は分子の平均運動エネルギーに比例する．
- 単原子分子の運動は並進のみである一方，二原子分子の運動には並進，回転，振動が含まれる．
- 理想気体では 1 mol 当たりの内部エネルギーを N_A 個の分子の運動エネルギーとして定義する．

熱素説と運動説

かつて，熱の担い手は"熱素"という物質であるという考え方が主流であった．今日では，温度は物質を構成する分子や原子の運動状態を表し，熱は熱伝導や対流や放射によるエネルギーであることがわかっている．このような考え方は，歴史的には熱素説に対して運動説とよばれていた．

第 7 章で説明した熱量保存則だけを考えると，熱素説と運動説のどちらで考えても矛盾が生じない．例題 7・1 にみられるように比熱，温度変化，移動した熱だけで閉じていて，各種の過程で比熱の特別な変化を導入して，つじつまを合わせることができるからである．

B. Thompson(トンプソン)(1753～1814 年)は，大砲の砲身を削る過程で大量の熱が発生しているのを見て，"熱素説が正しければ削り片になろうと熱素の量は変化しないので，この場合は比熱が変化しないと熱は発生しないであろう"と着想し，金属の削り片の比熱を測って比熱が変化していないことを確認し，熱素説を否定した．その後も熱素説が広く信じられていたが，J. R. Mayer(マイヤー)(1814～1878 年)による力学的仕事が熱になる実験，内燃機関に関する考察から熱が力学的仕事になる例示，Joule による電気抵抗を流れる電流によって水が温められる実験，Mayer の装置を参考にした定量的な仕事当量の算出などを通じて，力学的エネルギーを含めた形でのエネルギー保存則(熱力学第一法則，§8・3・1)が定量的にも確認された．また熱力学が確立されていくに従い，熱量保存則だけに依拠する熱素説は役割を終えた．

8・3　気体の状態変化

本節では温度 T，体積 V，圧力 p というパラメーターで特徴づけられる理想気体の系を考えよう．この系に外部から熱を与える，系から外部へ熱を排出する，外部から系に仕事をする，系が外部に仕事をする過程において，これらのパラメーターが変化するようすを見てみよう．

8・3・1　熱力学第一法則

気体の状態変化の過程における内部エネルギー変化は，与えられた熱量と気体のした仕事の差で求められる．外部から気体に与えられる熱量を Q，気体が外部にする仕事を W，内部エネルギー変化を ΔU とする．すなわち気体の状態が変化する過程のはじめ（始状態）の内部エネルギーを U_i，終わり（終状態）の内部エネルギーを U_f とすると

$$\Delta U = U_f - U_i = Q - W \tag{8・20}$$

となる．これを**熱力学第一法則**という．この式は，始状態と終状態の間の過程が平衡状態をとりつつゆっくりと状態が変化する過程（**準静的過程**）に限らず，途中では平衡状態を指定する温度 T，体積 V，圧力 p といったパラメーターが定まらないような過程でも常に成り立つ．たとえば容器内で膨らんだ風船が突然割れたときに，系内で気体の流れが生じるような急激な体積変化を伴う過程があげられる．

8・3・2　気体の状態変化

熱力学第一法則を使って，気体の状態変化について考えてみよう．以降は特に断らない限り，図 8・7 のような一方は熱の出入りが可能な壁■（加熱壁），一方を熱の出入りを許さない壁（断熱壁）を伴う可動のピストン■，その他を断熱壁でできた容器■に囲まれた気体を考える．Q は外部から気体に与えられる熱，W は気体が外部にする仕事，ΔU は内部エネルギー変化を示す．

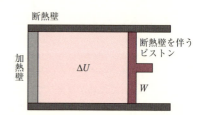

図 8・7　ピストンのついた容器に閉じ込められた理想気体

■ **定積変化**　体積が一定のまま，温度と圧力が変化する過程を**定積変化**という．図 8・7 において，ピストンが動かないように固定して，外部から熱を加えることを考える．ピストンは動かないので，体積は一定，気体は仕事をしない（図 8・8a）．よって

$$W = 0 \tag{8・21}$$

であり，熱力学第一法則により

$$\Delta U = Q \tag{8・22}$$

が成り立つ．

■ **定圧変化**　気体の圧力が一定のまま温度と体積が変化する過程を**定圧変化**という．図 8・7 において，外側の圧力 p が一定のもと，可動なピストンのついたシリンダー内を加熱する例を考える．ピストンと断熱壁の間に摩擦は生じないとする．圧力 p は一定であるので，気体のする仕事は

$$W = p\Delta V \tag{8・23}$$

である（図 8・8b）．熱力学第一法則の式に (8・23) 式を代入すると

$$\Delta U = Q - W = Q - p\Delta V \tag{8・24}$$

が得られる．

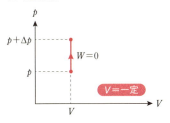
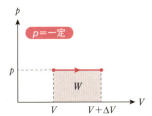
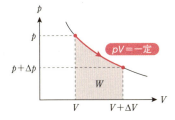

図 8・8　気体の状態変化

定圧変化と定積変化において同じ熱量 Q を与えたとき，定圧変化では気体が仕事をする分，内部エネルギー変化が定積変化よりも小さくなる．内部エネルギー変化は温度変化に比例するので，定圧変化での温度変化は定積変化での温度変化よりも小さくなる．

例題 8・2 n mol の理想気体に，圧力 p のもと熱量 Q を加えた．体積 V が $2V$ に変化したとき，熱力学的温度の変化 ΔT は p, Q, V を用いて表せ．

解 (8・24)式に n mol の理想気体を当てはめると
$$nR\Delta T = Q - pV \tag{8・25}$$
となる．変形すると，$\Delta T = (Q-pV)/(nR)$ と書き表せる．

■ **等温変化** 気体の温度が一定のまま気体の体積と圧力が変化する過程を**等温変化**という．理想気体を考えているので，ボイルの法則により
$$pV = nRT = 一定$$
が成り立つ．たとえば，図 8・7 において気体の温度が外部の温度と同じで一定になるように熱を加えたり，熱を外に逃がしたりできるとする．§8・2 で示したように，内部エネルギーは熱力学的温度に比例するので，等温変化では内部エネルギーは変化しない．すなわち $\Delta U = 0$ となる．また，圧力が一定ではない場合に p は V の関数となり，仕事 W は
$$W = \int_{V}^{V+\Delta V} p(V) dV \tag{8・26}$$
である(図 8・8c)．シリンダー内の気体が理想気体で，かつ ΔV が有限であるとき，熱力学第一法則は
$$0 = \Delta U = Q - W = Q - \int_{V}^{V+\Delta V} p(V) dV = Q - nRT \int_{V}^{V+\Delta V} \frac{dV}{V} \tag{8・27}$$
となる．第四式から第五式への変形は，理想気体の状態方程式より p に nRT/V を代入した．シリンダー内の気体が理想気体で，かつ ΔV が微小なときには体積が $V \to V + \Delta V$ と変化する間は p の変化は小さいと考えられるので，熱力学第一法則は
$$0 = \Delta U = Q - W = Q - p(V)\Delta V = Q - \frac{nRT}{V}\Delta V \tag{8・28}$$
となる．

例題 8・3 n mol の理想気体に，一定の温度 T のもとで熱量 Q 加え，体積が V から $1.1V$ になったとする．このときの Q を，T を用いて表せ．

解 $\Delta V/V = 0.1$ であるので，(8・28)式を使うことができる．上式を代入し Q を求めるように移項すると，$Q = 0.1nRT$ と書き表せる．

■ **断熱変化** 気体が外部と熱のやりとりをしない過程を**断熱変化**という．たとえば，図 8・7 の容器のすべての面が断熱壁になっている装置を考える．ΔV が

有限であるときの熱力学第一法則は

$$\Delta U = -W = -\int_V^{V+\Delta V} p(V)\,dV \qquad (8\cdot 29)$$

となり，ΔV が微小であるときには

$$\Delta U = -W = -p(V)\Delta V \qquad (8\cdot 30)$$

となる．断熱過程のうちピストンを引く**断熱膨張**では，$\Delta V > 0$ であるので，温度変化 ΔT は

$$\Delta T \propto -p(V)\Delta V < 0 \qquad (8\cdot 31)$$

となり，温度は下がる．一方，ピストンを押す**断熱圧縮**では $\Delta V < 0$ であるので，温度変化 ΔT は

$$\Delta T \propto -p(V)\Delta V > 0 \qquad (8\cdot 32)$$

となり，温度は上がる．

■ **断熱自由膨張** ここで図 8・9 のような，中に断熱の仕切りのある，断熱壁で覆われた容器を考える．容器の片側には気体が充填されていて，反対側は真空になっている．この仕切りを瞬時に取除くと，気体は仕事をすることなく膨張する．すなわち $W=0$ である．また，気体は断熱壁に覆われているので，$Q=0$ である．よって，熱力学第一法則により $\Delta U=0$ が成り立ち，断熱自由膨張では気体の温度は変化しない．なお，**断熱自由膨張**と前述の**断熱膨張**は異なる過程であり，混同しないように注意が必要である．

図 8・9 断熱自由膨張

8・3・3 気体のモル比熱

比熱とは，1 g の物質の温度を 1 K 上昇させるために必要な熱量であることを述べた(第 7 章)．1 mol の気体の温度を 1 K 上げるために必要な熱量を**モル比熱**とよび，単位 〔J/(mol・K)〕を用いて表す．特に定積変化の場合を**定積モル比熱**，定圧変化の場合を**定圧モル比熱**という．

■ **定積モル比熱** 定積変化での与えた熱量と内部エネルギー変化の関係は，$\Delta U = Q$ となる．よって，定積モル比熱 C_V は

$$C_V = \frac{Q}{\Delta T} = \frac{\Delta U}{\Delta T} \tag{8・33}$$

となる．さらに単原子分子の理想気体では

$$\Delta U = \frac{3}{2} R \Delta T \tag{8・34}$$

であるので

$$C_V = \frac{3}{2} R \tag{8・35}$$

となる．

■ **定圧モル比熱**　　定圧変化における，気体に与えられた熱量と気体のした仕事および内部エネルギー変化の関係は

$$\Delta U = Q - p\Delta V$$

となる．よって定圧モル比熱 C_p は

$$C_p = \frac{Q}{\Delta T} = \frac{\Delta U + p\Delta V}{\Delta T} \tag{8・36}$$

となる．さらに理想気体では

$$p\Delta V = R\Delta T \tag{8・37}$$

なので

$$C_p = \frac{\Delta U}{\Delta T} + R = C_V + R \tag{8・38}$$

となる．この式を**マイヤーの関係式**とよぶ．単原子分子の理想気体では，$C_V = \frac{3}{2}R$ であったので

$$C_p = C_V + R = \frac{5}{2} R \tag{8・39}$$

となる．

■ **比 熱 比**　　比熱比 γ とは，定圧モル比熱 C_p と定積モル比熱 C_V の比

$$\gamma = \frac{C_p}{C_V} \tag{8・40}$$

のことである．単原子分子の理想気体では，定圧モル比熱は $C_p = \frac{5}{2}R$，定積モル比熱は $C_V = \frac{3}{2}R$ であるので，比熱比は

$$\gamma = \frac{C_p}{C_V} = \frac{5}{3} \tag{8・41}$$

となる．

■ **ポアソンの法則** 理想気体の断熱変化では，圧力と体積の間に
$$pV^\gamma = 一定 \tag{8・42}$$
という関係が成り立つ．これを**ポアソンの法則**とよぶ．単原子分子の理想気体では，(8・41)式より，比熱比 $\gamma = C_p/C_V = \frac{5}{3} > 1$ であるので，横軸を V，縦軸を p として両者の関係を表した p-V 図において $p = V^{-\gamma}$ は $p = V^{-1}$ よりも急な曲線になる．すなわち，同じ体積変化があるとき，断熱変化の方が等温変化よりも圧力変化が大きくなる．

8・3・4 不可逆過程

常温・常圧で氷を置いておくと，氷は解けて水になる．逆に，常温・常圧での水に対して外から何も仕事をしなければ，水が氷になることはない．

また，物体を板の上で勢いよく滑らせても，物体と板との間に摩擦力がはたらくため，物体は板の上のどこかの地点で静止する．このとき，運動エネルギーが摩擦によって熱エネルギーに変換され，周囲の空気に伝達される．逆に，板の上に置いた物体に周りから熱が集まって熱エネルギーが運動エネルギーに変換され，物体が自動的に動き出すようなことはない．

このように，系の外から仕事などの操作をしない限り逆向きにはほぼ起こらない過程のことを**不可逆過程**とよぶ．熱の形でエネルギーの移動が起こるときは，おおむね不可逆過程となる．

8・3・5 熱機関と熱効率

図 8・10 のように，高温熱源から熱を与えられ，低温熱源に熱を与えることで外に仕事をする機関を**熱機関**とよぶ．蒸気機関，蒸気タービン，自動車の内燃機関など，社会で応用されている．

サイクルとは，ある (p, V, T) で表される状態から出発して，いくつかの**準静的可逆過程**を経て，もとの (p, V, T) に戻る過程のことである．準静的可逆過程とは，過程の途中で熱的平衡が常に成り立つように，"ゆっくりと別の平衡状態へと移り変わっていく"(**準静的**)過程で，かつ外部に何ら変化を残さずに系をもとの状態へ戻すことができる(**可逆**)過程のことである．本項では，カルノーサイクルを例にあげて，詳しく説明する．

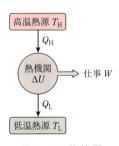

図 8・10 熱機関

■ **カルノーサイクル**　熱機関に対する思考実験として考えられた**カルノーサイクル**は，図8・11に示す二つの断熱変化(B, D)と二つの等温変化(A, C)から構成される．各変化について以下に説明する(図8・12も参照)．

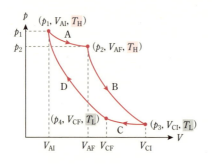

図8・11　等温変化(A, C)と断熱変化(B, D)からなるカルノーサイクル

- Aでは高温熱源T_Hより熱量Q_Hを与えることで，気体の体積が$V_{AI} \to V_{AF}$へと大きくなる(Iは initial，Fは final)．
- Bでは気体の圧力が低くなり，温度が低くなる．
- Cでは気体の体積が$V_{CI} \to V_{CF}$へと小さくなり，低温熱源T_Lへ熱量Q_Lを与える．
- Dでは気体の圧力が高くなり，温度が高くなる(もとの状態に戻る)．

例題8・4をとおして，より詳しく説明していこう．

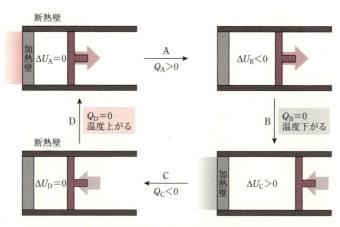

図8・12　カルノーサイクルの各段階

例題 8・4 図 8・11 に示すカルノーサイクルの高温熱源から与えられた熱量 Q_H と低温熱源に与えた熱量 Q_L の比 Q_L/Q_H が, $Q_L/Q_H = T_L/T_H$ となることを示せ.

解 高温熱源から与えられた熱量を Q_H, 低温熱源に与えた熱量を Q_L とすると, $Q_H = Q_A$, $Q_L = -Q_C$ となる. まず等温変化 A, C での内部エネルギーの変化を, それぞれ考えてみよう. カルノーサイクルでは B, D は断熱変化で熱のやりとりがないため, Q_B, Q_D については考慮しない.

〈A での内部エネルギー変化〉

熱力学第一法則 (8・20, 8・27 式) より以下の式を得る.

$$0 = \Delta U_A = Q_A - \int_{V_{AI}}^{V_{AF}} p(V)\,dV$$
$$= Q_H - nRT_H \int_{V_{AI}}^{V_{AF}} \frac{dV}{V} = Q_H - nRT_H \log \frac{V_{AF}}{V_{AI}} \quad \text{(A: 高温での等温変化)}$$

〈C での内部エネルギー変化〉

低温熱源へ与えた熱量を Q_L とすると, $Q_L = -Q_C$ である.

$$0 = \Delta U_C = Q_C - \int_{V_{CI}}^{V_{CF}} p(V)\,dV$$
$$= -Q_L - nRT_H \int_{V_{CI}}^{V_{CF}} \frac{dV}{V} = -Q_L - nRT_L \log \frac{V_{CF}}{V_{CI}} \quad \text{(C: 低温での等温変化)}$$

となる. ここで Q_L を Q_H で割ると, 以下の式を得る.

$$\frac{Q_L}{Q_H} = \frac{T_L \log \dfrac{V_{CI}}{V_{CF}}}{T_H \log \dfrac{V_{AF}}{V_{AI}}} \quad (8 \cdot 43)$$

次に断熱変化 B, D について考えよう. 断熱変化ではポアソンの法則が成り立つ (§8・3・3). つまり $pV^\gamma = $ 一定であったので, ここに $p = nRT/V$ を代入すると

$$TV^{\gamma-1} = \text{一定} \quad (8 \cdot 44)$$

である. 断熱変化 B, D にそれぞれ適用すると, B, D それぞれのはじめと終わりが等しいので

$$\text{B}: T_H V_{AF}^{\gamma-1} = T_L V_{CI}^{\gamma-1}$$
$$\text{D}: T_L V_{CF}^{\gamma-1} = T_H V_{AI}^{\gamma-1}$$

が成り立つ. T_H, T_L を消去するように割ると

$$\left(\frac{V_{AF}}{V_{AI}}\right)^{\gamma-1} = \left(\frac{V_{CI}}{V_{CF}}\right)^{\gamma-1}$$

となり

$$\frac{V_{AF}}{V_{AI}} = \frac{V_{CI}}{V_{CF}} \quad (8 \cdot 45)$$

を得る. これを (8・43) 式に代入すると, 以下の式となる.

$$\frac{Q_L}{Q_H} = \frac{T_L}{T_H} \quad (8 \cdot 46)$$

■ **熱 効 率**　熱機関の1サイクルでの内部エネルギー変化 ΔU を，気体のした仕事 W と，気体が高温熱源から受けた熱量 Q_H，気体が低温熱源に与えた熱量 Q_L で表すと

$$\Delta U = Q_H - Q_L - W = 0 \tag{8.47}$$

となる．

熱機関の**熱効率** η を，気体のした仕事 W と気体が高温源から受取った熱 Q_H との比 W/Q_H で定義する．すなわち

$$\eta = \frac{W}{Q_H} = \frac{Q_H - Q_L}{Q_H} = 1 - \frac{Q_L}{Q_H} \tag{8.48}$$

となる．

カルノーサイクルの熱効率は

$$\eta = 1 - \frac{T_L}{T_H} \tag{8.49}$$

となる．カルノーサイクルでは $T_L \ll T_H$ のときに熱効率が最大となる．

> **まとめ 8・3**
> - 気体の状態変化における内部エネルギー変化は，気体に与えられた熱量と気体が外部にした仕事の差となる(熱力学第一法則)．
> - 気体の状態変化の条件により，熱力学第一法則をもとにした条件式を導ける．
> - 1 mol の気体の温度を1 K 上げるために必要な熱量をモル比熱とよぶ．
> - 系の外から仕事などの操作をしない限り逆向きには起こらない過程を不可逆過程とよぶ．
> - 高温熱源から熱 Q_H を与えられ，低温熱源に熱 Q_L を与えることで外に仕事 W をする機関を熱機関とよび，その熱効率は $\eta = W/Q_H$ で定義される．

演習問題

8・1　気体の体積 V を一定に保ち摂氏温度を t 〔℃〕変化させたときの圧力 p と 0 ℃のときの圧力 p_0 の差 $p - p_0$ が t に比例することを，理想気体であることを用いて導け．

8・2　1 mol，300 K の理想気体に，圧力 10^5 Pa のもとで，2.00×10^6 J の熱量を加えた．このとき，体積は何 m^3 から何 m^3 に変化したのか，計算せよ．

8・3　1 mol の理想気体が，300 K の等温変化で体積が10倍になったとする．このとき気体に与えられた熱量は何 J になるか，計算せよ．

8・4　カルノーサイクルの高温熱源として 200 ℃の熱源から 3500 kJ/h の熱量を受取ることができるとする．低温熱源が 0 ℃であるとすると，何 kJ/h の熱量を低温熱源に排出することになるのか，計算せよ．

9 電荷と電場

われわれの文明社会に電気は欠かせない．照明や冷蔵庫，スマートフォンやパソコン，エスカレーターやエレベーター，電車や電気自動車など，快適な生活はさまざまな電気の現象に支えられている．電気は人間が発明したものではなく，人類誕生のずっと以前から自然界にみられる物理現象である．そして，生物を構成する器官や細胞にも，電気現象に基づくさまざまな機能がある．

1. 電荷間にはたらく力と電場，電気力線について，クーロンの法則などを用いて定量的に説明・計算できる．
2. ガウスの法則を使って，導体や誘電体中における電荷や電場，電位の状態について定量的に説明し，細胞膜がコンデンサーとしてはたらくことを簡単に説明することができる．

9・1　電荷と電気力

9・1・1　電荷の起源

下敷きを髪の毛に擦って静電気を起こしてみたことがあるだろうか？古代ギリシャの時代から，コハク(天然樹脂の化石)を磨くと電気を帯びてほこりが付着することが知られていた．物質が電気を帯びる現象を**帯電**，そのとき物質に生じた電気を**電荷**，電荷の量を**電気量**(または単に**電荷**)という．電気量は電気現象における基本的な物理量の一つで，単位は〔C〕(**クーロン**)である．そして正(**プラス**，＋)の電気量をもつ電荷を**正電荷**，負(**マイナス**，－)の電気量をもつ電荷を**負電荷**とよぶ．

コハクに付着する金系

帯電していない2種類の物質を擦り合わせてすばやく離すと、電荷が生じる。このとき、一方の物質は正電荷を帯び、もう一方の物質は負電荷を帯びる。それぞれの物質が帯びている電荷の電気量の"大きさ"は同じなので、この二つの電荷を足した全電気量(**全電荷**)は0である。また正負に帯電させた二つの物質を再び接触させると、正電荷と負電荷は中和して、全電荷は0となる。このように閉じた系における全電荷は常に一定であり、これを**電荷の保存則**という。

ミクロな視点で見ると、電気量は物質を構成する**原子**の構造と深い関わりがある。原子は、**陽子**と**中性子**からなる**原子核**と**電子**から構成される(図9・1)。陽子は正の、電子は負の電気量をもつ。中性子の電気量は0である(電気的に中性)。陽子1個と電子1個の電気量の大きさは等しく、これを記号 e で表すと

$$e = 1.602176634 \times 10^{-19} \text{ [C]} \quad (9 \cdot 1)$$

である。これを**電気素量**とよび、電気量の最小単位として用いられる。したがって物質は、電気素量の整数倍の電気量をもつことになる。また電気量の単位である[C](クーロン)は、フランスの物理学者 C. A. Coulomb(1736〜1806年)の名に由来する。下敷きを髪の毛に擦って帯電するのは、髪の毛を構成する原子(おもに炭素原子)のもつ電子が、摩擦によって電気を通しにくい下敷きの表面に移動するからである。これを**摩擦電気**といい、このとき下敷きの表面は負に帯電する。

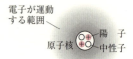

図9・1 原子の構造

9・1・2 電荷とクーロンの法則

正電荷と負電荷は互いに**引力**を及ぼし合い、同種の電荷同士は**斥力**を及ぼし合う。この力を**静電気力(クーロン力)**といい、その大きさ F [N] は(9・2)式に示すように、帯電した二つの物質がもつ電荷 q_1 [C] と q_2 [C] の積に比例し、二つの電荷を大きさのない点電荷に置き換えたときの距離 r [m] の2乗に反比例することが発見された。これを**クーロンの法則**という。

$$F = \frac{1}{4\pi\varepsilon} \frac{q_1 q_2}{r^2} \quad (9 \cdot 2)$$

この式で F は力の大きさを表すだけでなく、符号が正であれば斥力、負であれば引力を示す。また右辺の $1/(4\pi\varepsilon)$ はクーロンの法則の比例定数であり、二つの点電荷の周囲の物質の**誘電率** ε (§9・3・1)によってその値が決まる。なお真空中の場合、$\varepsilon = \varepsilon_0 = 8.854 \times 10^{-12} \text{ C}^2/(\text{N} \cdot \text{m}^2)$ という値の物理定数となり、これを**真空の**

誘電率とよぶ．乾燥空気の誘電率はこの値より 0.05 % 程度大きい．

例題 9・1 真空中に，電気量が 4.80×10^{-9} C と -1.20×10^{-8} C である二つの電荷が，0.40 m 離れて置かれている．電荷同士にはたらく電気力の大きさを計算せよ．またその力は引力であるか，斥力であるかを答えよ．

解 クーロンの法則より，電気力 F は

$$F = \frac{1}{4 \times 3.14 \times 8.85 \times 10^{-12}} \frac{(4.80 \times 10^{-9}) \times (-1.20 \times 10^{-8})}{0.40^2} \approx -3.24 \times 10^{-6} \text{ N}$$

であり，F の符号は負であるから引力である．

9・1・3 電場と電気力線

"静電気力は，互いに離れた位置に静止している二つの電荷の間で直接及ぼし合う力である"と思うかもしれないが，それは違う．正しくは，一方の電荷が電気的に周囲の空間を変化させ，もう一方の電荷はその変化した空間(**場**)から力を受けると考えるべきである．このように電荷の存在によって変化した空間を，**電場**(または**電界**)という．電場は大きさと方向をもつので，ベクトルで $\boldsymbol{E} = (E_x, E_y, E_z)$ のように表現する．この電場 $\boldsymbol{E}$ に正電荷 q を置くと，電荷は電場と同じ方向に力 $\boldsymbol{F} = (F_x, F_y, F_z)$ を受ける．負電荷の場合は逆方向に力を受ける．この関係を式で表すと

$$\boldsymbol{F} = q\boldsymbol{E} \qquad (9 \cdot 3)$$

となり，電場 $\boldsymbol{E}$ の単位は [N/C] であることがわかる．このように静電気力は，電場を介して電荷から電荷へ伝えられる力(このように電荷と電場とが直接触れ合う

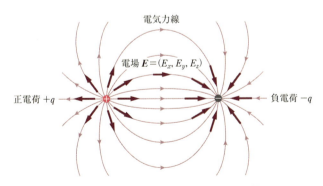

図 9・2 正電荷と負電荷がつくる電気力線 ⟶ と電場 ⟶
電場ベクトルを表す矢印は，電気力線の接線方向を向いている．

ことで伝わる力を**近接力**という)である．一方，空間の各点において，電場を表すベクトルの矢印が接線となるように曲線あるいは直線を描くと，正電荷が電気力によって動くときの軌跡を視覚的に表すことができる．これを**電気力線**といい，正電荷から負電荷へ向かう線として描かれる(図9・2)．電気力線は M. Faraday(1791〜1867年)が考案した仮想的な線であり，電荷のない場所で途切れたり交わったりはしない．

例題9・2 真空中に置かれた電気量 Q の点電荷の周囲に生じる電場の強さ E を，(9・2)式と(9・3)式を使って点電荷からの距離 r の関数として表しなさい．

解 点電荷 Q と点電荷 q の間にはたらく静電気力の大きさ F は，(9・2)式に真空の誘電率 $\varepsilon = \varepsilon_0$ を代入して

$$F = \frac{1}{4\pi\varepsilon_0} \frac{Qq}{r^2}$$

となる．ここで点電荷 q が点電荷 Q から力を受ける方向と距離 r の方向は一致するので，(9・3)式より，$F = qE$ である．よって2式から F を消去して

$$E = \frac{1}{4\pi\varepsilon_0} \frac{Q}{r^2} \tag{9・4}$$

となる．この式は真空中に置かれた点電荷 Q の周囲に生じる電場の大きさを表すだけでなく，E の符号が正であれば点電荷から放射状に外に向かう電場を，負であれば内に向かう電場をそれぞれ表す．

9・1・4 電場の重ね合わせ

異なる場所に存在する複数の電荷 $q_1, q_2, q_3\cdots$ によって生じる電場 $\boldsymbol{E}$ は，それぞれの電荷によって生じる電場 $\boldsymbol{E}_1, \boldsymbol{E}_2, \boldsymbol{E}_3\cdots$ の和に等しい．これを**電場の重ね合わせの原理**とよぶ．

$$\boldsymbol{E} = \boldsymbol{E}_1 + \boldsymbol{E}_2 + \boldsymbol{E}_3\cdots \tag{9・5}$$

この式は，力の合成の(1・17)式と(9・3)式から導くことができる．

まとめ 9・1
- 電荷には正電荷と負電荷があり，互いに引力を及ぼし合う．また同種の電荷の場合は斥力を及ぼし合う．この力は静電気力とよばれ，クーロンの法則によって計算できる．
- 静電気力は電場を介して伝わり，電気力線によってそのようすを描くことができる．
- 電場はベクトル量として表すことができ，重ね合わせの原理が成り立つ．

9・2 ガウスの法則と電位

前節では，電荷の周囲には電場が生じることをクーロンの法則を用いて説明した．本節では，より一般的な状況における電荷と電場の法則を示し，それを使って電位の意味と電荷の位置エネルギーについて説明する．

9・2・1 電気力線の密度とガウスの法則

図 9・3 のように，電気力線を複数本描くときに見られる混み具合(**電気力線の密度**)は，電場の強さと比例する．すなわち点 (x, y, z) における電場 $\boldsymbol{E} = (E_x, E_y, E_z)$ を**法線ベクトル**とする平面を考え，これを貫く電気力線の単位面積($1\,\mathrm{m}^2$)当たりの本数を電場の強さ $E = |\boldsymbol{E}|$ [N/C] に等しいと定義する．

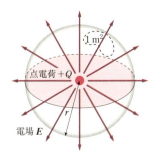

図 9・3 点電荷 Q を中心とする半径 r の球面 電場の強さが E であるとき，$1\,\mathrm{m}^2$ 当たり E 本の電気力線が球面を貫く．

これらの定義を使えば，真空中の点電荷 Q から出る電気力線の本数 N を求めることができる．まず図 9・3 のように点電荷 Q を中心とする半径 r の球面を考える．点電荷から N 本の電気力線が出るとすれば，それらは球面(表面積は $4\pi r^2$)を垂直に貫くので，電気力線の密度は $N/(4\pi r^2)$ となる．これがそのまま電場の強さと一致するので，(9・4)式より $N/(4\pi r^2) = Q/(4\pi\varepsilon_0 r^2)$ の関係が成り立つ．よって真空中の点電荷から出る電気力線の本数は

$$N = \frac{Q}{\varepsilon_0} \tag{9・6}$$

で与えられる．(9・6)式は半径 r を含まないことから，この関係は球面の半径，すなわち電荷からの距離に依存しないことがわかる．この式は真空中の任意の閉曲面の内部に複数の電荷(正負どちらでもよい)があり，その電荷の合計が Q である場合にも成り立つ．これが**ガウスの法則**であり，電荷 Q を含む任意の閉曲面を貫いて出る電気力線の総本数は，常に Q/ε_0 本である．

電気力線の総数 N の代わりに，図 9・4 のような任意の閉曲面上の微小な曲面

(**面積素**)dS における電場 E の法線方向への射影ベクトル E_n の大きさ $|E_n|=E_n=E\cos\theta$ を使ってガウスの法則を書き直すと,のちのち便利である.ここで θ は,面積素 dS の法線ベクトルとその面積素を貫く電場 E のなす角であり,法線ベクトルは常に電荷 Q のある内側から外側に向く方向に定義する.すると電気力線の密度は E_n に等しいので,電気力線の総本数 N は E_n を閉曲面上で足し合わせた値に等しい.よって

$$N = \iint_S E_n \, dS = \frac{Q}{\varepsilon_0} \tag{9・7}$$

と書ける.ここで積分 $\iint_S E_n \, dS$ は,曲面を面積素 dS に分解して,それぞれの面積素に付与されている関数値(ここでは E_n)を足し合わせることを意味し,**面積分**とよぶ.この電場のガウスの法則を使えば,点電荷の分布から空間の任意の位置における電場を算出できる.

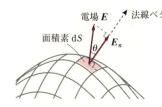

図9・4 曲面の面積素 dS における電場 E と法線方向への射影ベクトル E_n

数学 9・1 面積分

(9・7)式に書かれた面積分の表記は**スカラー場の面積分**である.平面または曲面上の領域 S 上に定義されているスカラー量 E_n を,その領域内で足し合わせることを意味している.

これを実感するために,簡単な例を紹介する.辺の長さが横(x)方向に a〔cm〕,縦(y)方向に b〔cm〕の長方形の板にペンキを塗ることを考える.ただし板に一様に塗るのではなく,ペンキの量が $\rho(x,y)=(x+y)$〔g/m²〕となるように塗るとする.このとき,塗布に必要なペンキの量は何 g か? これも面積分の計算で次のように計算できる.

$$\text{必要なペンキの量} = \iint_S \rho(x,y) \, dS = \int_0^b \int_0^a (x+y) \, dx \, dy$$
$$= \int_0^b \left[\frac{1}{2}x^2 + xy\right]_0^a dy = \left[\frac{1}{2}a^2 y + a\frac{1}{2}y^2\right]_0^b = \frac{1}{2}ab(a+b) \text{〔g〕}$$

ペンキを塗る板が曲面になると計算は少々面倒になるが,基本は同じである.

例題9・3 無限に広い真空中に,単位面積当たりω〔C/m²〕の電荷が平面状に一様に分布している.この平面の両側に生じる一様な電場の強さEを求めよ.

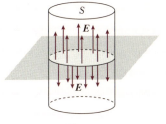

図9・5

解 図9・5のように電荷の分布している平面に対して垂直方向に伸びている底面積S〔m²〕の円筒を考えると,電荷が一様に分布していることから,円筒内の電場の平面に平行な成分は互いに打ち消し合い0となる.一方,円筒内の電気力線は平面から垂直に上下一様な密度で伸びている.よって円筒内の全電荷ωSから出る電気力線は,上下二つの底面($\iint_S dS = S+S = 2S$)から一様かつ垂直に湧き出ると考えてよい($E_n = E$).よってガウスの法則(9・7式)より,以下となる.

$$\iint_S E_n\,dS = E_n \iint_S dS = E \cdot 2S = \frac{\omega S}{\varepsilon_0}$$

$$E = \frac{\omega}{2\varepsilon_0} \ \text{〔N/C〕} \tag{9・8}$$

9・2・2 静電気力による位置エネルギーと電位

質点が重力によって自由落下(等加速度運動)するように,電荷も(9・3)式に従って電場から力を受けて移動する.自由落下の場合は,図9・6(a)のように質点の質量m〔kg〕と重力加速度の大きさg〔m/s²〕の積mgが質点に加わる力となるが,

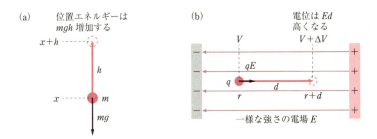

図9・6 重力による質点の自由落下と一様な強さの電場中における電荷の移動の物理学的な類比(アナロジー) (a) 任意の高さxにある位置エネルギーmgxの質点を,重力に逆らってhだけ上昇させると,位置エネルギーはmgh増加する. (b) 電位がVである位置rに置かれた点電荷qを電場に逆らってdだけ移動させると,電位は$\Delta V = Ed$高くなり,静電気力による位置エネルギーはqEd増加する.

荷電粒子の場合は電荷 q 〔C〕と電場の大きさ E 〔N/C〕の積 qE がそれに相当する．また位置 x 〔m〕から，重力に逆らって質量 m 〔kg〕の質点を高さ h 〔m〕だけ持ち上げるのに必要な仕事 W 〔J〕は，(3・1)式より $W=mgh$ と表される．これは移動後の力学的な位置エネルギー $mg(x+h)$ から移動前の位置エネルギー mgx を引いた値に等しい．

同様に，図9・6(b)のように電気力線に沿った位置 r に置かれた電荷 q を，強さ E の一様な電場の中で電気力線の向きに逆らって距離 d だけ移動させるには，移動後の**静電気力による位置エネルギー** $qE(r+d)$ から移動前の静電気力による位置エネルギー qEr を引いた値

$$W = qEd \qquad (9・9)$$

の仕事が必要となる．

このように重力の中での質点の移動と電場中での電荷の移動との間には，物理学的な類似(アナロジー)があるといえる．

さらに力学的な位置エネルギーの"位置"に相当する電気現象の量として，**電位**(単位は〔V〕)が用いられる．これは 1 C(**単位電荷**)当たりの静電気力による位置エネルギー〔J/C〕で定義される．よって一様な強さ E の電場において，電気力線に沿った座標 r における電位 V は，$V=Er$ と書ける．よって，図9・6(b)の2点間の電位の差(**電位差**)は

$$\Delta V = Ed \qquad (9・10)$$

となる．また位置 r は任意に与えることができるので，電位も位置エネルギーと同様に，その基準点を自由に設定することができる．これは静電気力が重力と同様に**保存力**だからである．重力の場合，物体の移動経路の始点と終点だけで決まる(第3章)．静電気力の場合も同様に，電荷の移動に伴う仕事はその移動経路(軌跡)に

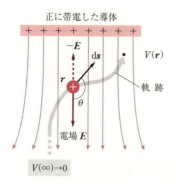

図9・7 一様でない電場中で電荷を移動したときの電位の変化 電荷から無限に遠い点(∞，基準点)から位置 r まで，電場に逆らって正電荷を移動させる．

よらず，始点と終点だけで決まる．よって，基準点を電荷から無限に遠い点(∞)に選び，そこでの電位を0に設定すると便利なことが多い．

一様でない電場中でも，電荷の移動に伴う仕事はその移動経路に依存しないので，電位を定義できる．すると空間内の位置 r における電位 $V(r)$ は一般に

$$V(r) = -\int_{\infty}^{r} \boldsymbol{E} \cdot \mathrm{d}\boldsymbol{s} \qquad (9 \cdot 11)$$

と定義される(図9・7)．ここで $\mathrm{d}\boldsymbol{s}$ は電荷の軌跡に沿った接線ベクトルである．

電場中で移動する電荷に対し，静電気力は正負両方の仕事をする可能性があるが，電荷が電気力線と垂直な方向に移動する場合は，静電気力は電荷に対して仕事をしない．これは電気力線に垂直な面内の電位が等しい（**等電位**）ためである．この面を**等電位面**という．言い換えると，等電位面に対して電場ベクトルは垂直となる．

例題9・4 真空中に置かれた点電荷 Q から距離 r 離れた点における電位を求めよ．
解 (9・4)式より，点電荷 Q から距離 r 離れた点の電場は $E = (1/4\pi\varepsilon_0)(Q/r^2)$ であるから，(9・11)式を用いて電位を表すと

$$V(r) = -\int_{\infty}^{r} \frac{1}{4\pi\varepsilon_0} \frac{Q}{r^2} \frac{\boldsymbol{r}}{r} \cdot \mathrm{d}\boldsymbol{s}$$

が成り立つ．ここで $\boldsymbol{r}/r$ は電場の方向を表す単位ベクトルであり，点電荷 Q から放射状に向かっている．これは点電荷を電場に沿って移動させた最短経路の方向と同じであり，電位を求める際の経路 $\mathrm{d}\boldsymbol{s}$ と一致する．また $\lim_{r \to \infty}(1/r) = 0$ より

$$V(r) = -\int_{\infty}^{r} \frac{1}{4\pi\varepsilon_0} \frac{Q}{r^2} \mathrm{d}r = \frac{1}{4\pi\varepsilon_0} \frac{Q}{r} \qquad (9 \cdot 12)$$

これが点電荷 Q による電位の表式である．

なお，複数の点電荷の周囲に生じる電位 V は，それぞれの電荷による電位 $V_1, V_2, V_3 \cdots$ の和に等しく

$$V = V_1 + V_2 + V_3 \cdots \qquad (9 \cdot 13)$$

と書ける．よって(9・5)式の電場の重ね合わせの原理を使って複数の電荷による電場を計算するよりも，(9・13)式で電位を計算してから，それを位置で微分することで電場を求めた方が簡単な場合が多い．

まとめ 9・2
- 電荷の電気量とそこから生じる電気力線の数の間には，ガウスの法則が成り立つ．
- 静電気力は保存力であり，電位は1Cの電荷にはたらく静電気力の位置エネルギーに相当する．

9・3 誘電体とコンデンサー

　これまではおもに，真空中における電荷，電場，電位について述べてきた．これらは物質の中ではどのように振舞っているであろうか．たとえば，物質に電場を与えると，物質内部の荷電粒子，特に電子はどのような動きを示すだろうか．

9・3・1 導体と誘電体

　銅やアルミニウムなどの金属は**導体**とよばれ，**電流**をよく通す．一般に，金属原子には電子を手放しやすい性質があるため，金属内には自由に動きまわることのできる電子が存在する．これを**自由電子**といい，導体である**導線**を使って電池と電球をつなげば，この自由電子が電池の負極側から正極側に移動する．これが導線を流れる電流の正体である．

　図9・8(a)のように，大きさが有限の導体に外部から電場を与えると，負電荷をもつ自由電子は電場と反対方向に移動する．この自由電子の移動は，外部からの電

(a) 電場中の導体における自由電子の移動

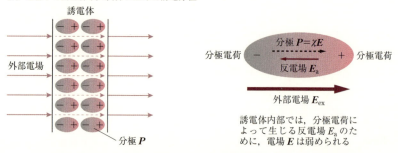

(b) 電場中の誘電体(不導体)における誘電分極

図9・8 導体(a)と誘電体(不導体，b)に外部電場を与えたときの内部の電場

9・3 誘電体とコンデンサー

場と逆向きの電場をつくり出し，導体内部の電場が0になるまで続き，電荷は導体の表面にのみ分布するようになる．その結果，導体全体の電位が等しくなり，導体表面は等電位面となる．よって導体から出る電気力線は導体表面に垂直となる．このような現象を**静電誘導**とよび，導体中で移動可能な電荷を一般に**真電荷**という．

一方，陶器やプラスチック，ガラスなどは，電流が流れにくく**不導体**または**絶縁体**とよばれる．不導体を構成する分子(または原子)は電子を手放しにくいため，電場を加えても電子は自由に移動できない．代わりに図9・8(b)のように，電場による正電荷と負電荷の分布の変位が分子の内部で生じ，電場の向きに沿って分子の両端に正負の電荷(**分極電荷**)が現れる．この現象を**誘電分極**(**電気分極**，あるいは単に**分極**)といい，この特徴に注目した場合に不導体を**誘電体**とよぶことが多い．

多くの誘電体において，外部から与えられる電場 E_{ex} が強ければ，分極の程度もそれに比例して強くなる．ここで分極を定量的に扱うために，誘電体内部の電場 E と同じ向きをもつベクトル量として分極 P (単位 $[C/m^2]$) と定義すると(図9・8b),

$$P = \chi E \qquad (9\cdot14)$$

となる(分極する現象も分極の程度を示すベクトルも，同じ"分極"という言葉で表すので注意)．ここで分極の大きさ $|P|=P$ は，電場 E に垂直な面内の分極電荷の面密度の大きさである．また χ は**電気感受率**とよばれる比例定数で，誘電体の種類によって異なり，単位は $[C^2/(N\cdot m^2)]$ である．これは真空の誘電率 ε_0 と同じ単位であるので

$$\tilde{\chi} = \frac{\chi}{\varepsilon_0} \qquad (9\cdot15)$$

のように，ε_0 との比を用いて表すこともある．これを**比電気感受率**とよぶ．

外部電場 E_{ex} によって誘電体に正負の分極電荷 $\pm P$ が現れると，誘電体内には外部電場と逆向きの**反電場** E_a が生じる．この反電場は

$$E_a = -\frac{P}{\varepsilon_0} \qquad (9\cdot16)$$

と書ける．したがって図9・8(b)より，誘電体内部の電場 E は

$$E = E_{ex} + E_a = E_{ex} - \frac{P}{\varepsilon_0} \qquad (9\cdot17)$$

となる．(9・14)式を(9・17)式に代入して分極 P を消去すれば

$$E = E_{ex}\frac{\varepsilon_0}{\varepsilon_0+\chi} \qquad (9\cdot18)$$

が得られる．(9・17)式と(9・18)式から，誘電体内部の電場は外部電場 E_{ex} より小さいことがわかる．

9・3・2 コンデンサー

二つの導体A, Bにそれぞれ $+Q$ [C] と $-Q$ [C] の電荷を与えると，導体A, Bの電位差 ΔV [V] と電荷 Q の間には，一般に次のような比例関係が成り立つ．

$$Q = C\Delta V \tag{9・19}$$

この比例定数 C は二つの導体の形状と配置で決まる定数であり，**電気容量**という．電気容量の単位は [F] (ファラド) であり，1 F=1 C/V である．このような導体A, Bからなる一対の導体を**コンデンサー**とよぶ．コンデンサーには電荷を貯めることができるので，多くの工業製品の部品として用いられている．また，生物の体内にはコンデンサーとしてはたらくさまざまな生体器官があり，神経伝達など生命活動を維持するために利用している (§9・3・3)．

ここでは説明をわかりやすくするため，図9・9のように面積 S [m²] の金属平板A, Bを，面のサイズに対して十分小さな間隔 d [m] で平行に向かい合わせてつくった**平行板コンデンサー**を考える．A, Bにそれぞれ $+Q$ [C] と $-Q$ [C] の電荷を与えると，静電誘導により電荷は2枚の金属平板の内側に一様な面密度 Q/S で分布する．また電気力線は平板A, Bからそれぞれ垂直に出ており，その方向を

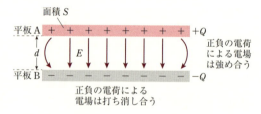

図9・9　平行板コンデンサーと電気力線　平板の端の電気力線は少し外側に押し出される．

考えると，平板の間では電場の強さは加算されて2倍になり，平板間の外側では互いに打ち消し合って0となる．ここでガウスの法則より，(9・8)式を用いれば，$\omega = Q/S$ より，平行な2枚の平板の間(真空であるとする)には

$$E = \frac{Q}{\varepsilon_0 S} \tag{9・20}$$

の強さの一様な電場が生じる．ここで(9・10)式を用いて金属平板A, Bの間の電位差 ΔV を求めると

$$\Delta V = \frac{Q}{\varepsilon_0 S} d \tag{9・21}$$

となり，(9・19)式と(9・21)式から

$$C = \varepsilon_0 \frac{S}{d} \tag{9・22}$$

が得られる．このように電気容量 C [F] は，平行板コンデンサーの平板の面積 S に比例し，間隔 d に反比例することがわかる．

例題9・5 間隔dの平行板コンデンサーの金属平板A, Bの間に,金属平板と同じ形状の底面をもつ厚さh($h<d$)の誘電体の板を金属平板と平行に挿入した(図9・10).誘電体の電気感受率をχとするとき,平行板コンデンサーの電気容量Cを求めよ.

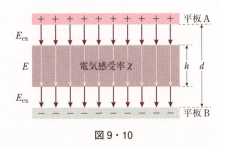

図9・10

解 金属平板A, B間において,誘電体のない部分の電場をE_{ex}とすると,(9・20)式より$E_{ex}=Q/(\varepsilon_0 S)$である.すると,誘電体内の電場$E$は(9・18)式そのままで表すことができる.よって金属平板A, Bの間の電位差ΔVは,誘電体の存在する領域(d)と存在しない領域($d-h$)それぞれの電位差の和となるので,(9・10)式より

$$\Delta V = E_{ex}(d-h) + Ed = \frac{Q}{\varepsilon_0 S}\left\{(d-h) + \frac{\varepsilon_0}{\varepsilon_0 + \chi}d\right\}$$

となる.この式を(9・19)式に代入すると,電気容量Cは以下となる.

$$C = \frac{\varepsilon_0 S}{(d-h) + \dfrac{\varepsilon_0 d}{\varepsilon_0 + \chi}} \tag{9・23}$$

例題9・5で誘電体が金属平板間に満たされている場合,すなわち$h=d$であるなら,(9・23)式は

$$C = (\varepsilon_0 + \chi)\frac{S}{d} \tag{9・24}$$

となる.この式を(9・22)式と比較すれば,$(\varepsilon_0+\chi)$は真空の誘電率ε_0に対応する物理量であると考えられる.ここで

$$\varepsilon = \varepsilon_0 + \chi \tag{9・25}$$

と定義すれば,これは誘電体の特性を表す**誘電率**となる(§9・1・2).この誘電率εを使って(9・24)式を書き直せば

$$C = \varepsilon\frac{S}{d} \tag{9・26}$$

となる.また真空の誘電率ε_0に対する誘電率の比$\varepsilon/\varepsilon_0$は**比誘電率**$\tilde{\varepsilon}$とよばれ,無次元量で表される.比誘電率を使えば,(9・25)式は(9・15)式を使って

$$\tilde{\varepsilon} = 1 + \tilde{\chi} \tag{9・27}$$

となる.このようにコンデンサーを誘電体で満たすことにより,電気容量Cを$(1+\tilde{\chi})$倍増加させることができる.

9・3・3 細胞における膜電位とコンデンサー

(9・25)式は，"真空は誘電率 ε_0 の誘電体である"ということを示唆しており大変興味深い．一方，生物は組織や体液，細胞，生体膜，細胞小器官など電気特性の異なる複雑な生体高分子によって構成されている．それらには導体や誘電体としての性質も備わっており，抵抗やコンデンサーとして機能することもある．たとえば**神経細胞**(ニューロン)を構成する**細胞膜**は，グリセロリン脂質やスフィンゴ脂質などのリン脂質分子が会合して厚さ 6〜8 nm の**脂質二重層**(**脂質膜**)を形成したものであり，そこにさまざまな機能をもつタンパク質が結合することで細胞の生命活動を維持している(図 9・11a)．この脂質膜の中身は疎水性の炭化水素鎖で構成されており，電流を通しにくく，誘電体とみなせる．通常，細胞膜の外側には正電荷をもつ薄い層が，また内側には負電荷をもつ薄い層がそれぞれ存在しているので，細胞膜の内外には電位差が生じている．この電位差を**膜電位** V_m といい，細胞外の電位 V_{out} と細胞内の電位 V_{in} を使って

$$V_m = V_{in} - V_{out} \qquad (9・28)$$

で定義される(図 9・11b)．よって膜の周辺に存在する正負のイオンの濃度が安定しているとき，膜電位は負であり，これを**静止膜電位**とよぶ．多くの細胞の静止膜電位は，-40 mV〜-80 mV 程度である．

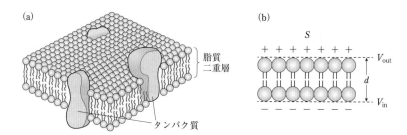

図 9・11 (a) **生体膜の模式図**，(b) **コンデンサーとみなした脂質膜**

このように細胞膜は大変薄い誘電体とみなせるので，電気的に良質のコンデンサーとしてはたらくと考えられる．脂質膜の単位面積当たりの電気容量は**比膜容量** C_m とよばれ，その値は実験により $1\,\mu F/cm^2$ 程度であることがわかっている．比膜容量 C_m を平板コンデンサーの電気容量 C(9・26 式)にならえば，$C_m = C/S$ より

$$C_m = \frac{\varepsilon}{d} \qquad (9・29)$$

となる．この式から $d=7.0$ nm であるとして，脂質膜の誘電率を計算すると $\varepsilon=$

7.0×10^{-11} C²/(N·m²) と見積もることができ，比誘電率は $\tilde{\varepsilon} \approx 7.9$ となる．これはゴムやボール紙の比誘電率($\tilde{\varepsilon} \approx 2.4 \sim 3.2$)よりも大きく，電子部品として使われているマイカコンデンサーの原料である雲母の比誘電率($\tilde{\varepsilon} \approx 7.0$)と同程度である．

脂質膜の場合に限らず，コンデンサーの電気容量は周囲の温度や圧力，イオン濃度などによって大きく変化しない．しかし電気抵抗は一般に，周囲の環境の変化に敏感に反応して大きく変化する．ニューロンによる情報伝達では，ニューロンの膜電位の変化を調整することが重要になるが，その調整は電気抵抗としての生体膜によって行われているのである．次章では，電流と抵抗について取上げることにする．

まとめ 9・3
- 導体に電場を与えると導体内の自由電子が静電気力によって移動し，誘電体(不導体)では分極が生じる．
- 平行板コンデンサーの電気容量は，二つの平行板コンデンサーの平板の面積に比例し，間隔に反比例する．
- 脂質二重層はコンデンサーの機能をもち，細胞膜の膜電位を保っている．

演習問題

9・1 距離 2 m 離れた点 A, B にそれぞれ点電荷 $+q$ [C], $-2q$ [C] があるとき，図のように A, B と直角三角形をなすような点 C における電場の向きと強さを求めよ．

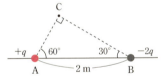

9・2 半径 a [m] の球の中に一様な電荷密度 ρ [C/m³] で電荷が詰まっている．球の中心からの距離を r [m]，真空の誘電率を ε_0 とするとき，次の問いに答えよ．
1) 球の中に詰まっている全電荷 Q [C] を求めよ．
2) 球の中心からの距離 r [m] における電気力線の本数 $N(r)$ を求めよ．
3) 球の中心からの距離 r [m] における電場の大きさ $E(r)$ [N/C] を求めよ．
4) 球の中心からの距離 r [m] における電位 $V(r)$ [J/C] を求めよ．

9・3 閉じた脂質二重層を**ベシクル**という．右図のように脂質膜の厚さが d であるベシクルの内側と外側がそれぞれ $+Q$ [C], $-Q$ [C] に一様に帯電し，水中で半径 a [m] の球形を維持している．脂質二重層の誘電率を ε_b [C²/(N·m²)]，水の誘電率を ε_w [C²/(N·m²)] とするとき，このベシクルの比膜容量を求めよ．脂質二重層の面積は，ベシクルの表面積として計算すること．

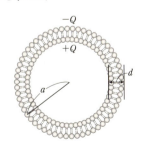

10 電流と電気回路

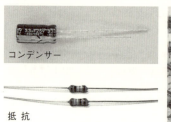

コンデンサー

抵抗

われわれは二つの目的のために電気を利用している.一つはエネルギーとして,もう一つは情報伝達の手段としてである.たとえば暖房器具のニクロム線に電流を流して熱を発生させるとき,電気はエネルギーとして利用されている.また電気器具を安全かつ便利に使うために抵抗やコンデンサー,トランジスタなどを組合わせた電子回路で制御するとき,電気を情報伝達の手段として利用している.自然界の生き物も,実は電気を利用している.たとえばデンキウナギは電流を発生させてエサをとる.また神経細胞は電気信号を情報伝達に使っている.

行動目標

1. オームの法則を抵抗中を移動する電荷の視点から説明できる.またキルヒホッフの法則を使い簡単な直流回路の電流を計算できる.
2. 抵抗とコンデンサーをつなげた RC 回路は微分方程式で表されることを説明できる.また,生体膜でのイオンの流れの特徴を,RC 回路によって説明できる.

10・1 電流と電気エネルギー

われわれが電流とよぶものの正体を,微視的(ミクロ)な立場から考えてみよう.

10・1・1 電流とオームの法則

導線を電池につなぐと,電池の負極から正極に向かって負の電荷をもつ**荷電粒子**(電荷をもつ粒子)の一種である自由電子が移動する.これは電池の正極と負極の電位差(**端子電圧**)によって導体内部に電場が生じ,自由電子に静電気力がはたらくためである.これが導線を流れる電流の正体であるが,電流の向きは自由電子の移動

10・1 電流と電気エネルギー

する方向とは逆に定義されている．すなわち**電流の向きは正の荷電粒子が移動する向きとして定義される**．ただし導線を流れる電流の場合，実際に移動している荷電粒子は自由電子である．**電流の大きさ** I〔A〕(アンペア)は，時間 t〔s〕当たりにある断面を通過する電気量 q〔C〕で定義する．これを式で表すと

$$I = \frac{q}{t} \tag{10・1}$$

となる．このとき，自由電子は原子(陽イオン)からの力を受けながら移動する．したがって電流の大きさ I は，導体中で自由電子が電場から受ける静電気力だけでなく，導体を構成する金属イオンなどの正電荷をもつイオンの熱振動による抵抗力も加わって決まる．

ここで図 10・1 のように，長さ L，断面積 S の導線中を流れる電流を微視的(ミクロ)に考えてみる．導線の両端が電位 V_1，V_2 に保たれているとすれば，その電位差は $\Delta V = V_2 - V_1 > 0$ である．本章ではおもに電気回路を扱うので，慣例に従い電位差 ΔV を**電圧**とよび，V で表記する．

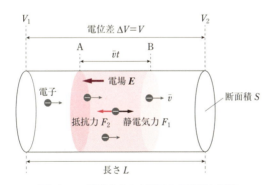

図 10・1　導線中の自由電子 ● の移動と電流

図の導線の両端に電圧 V が加わると，大きさ $E = V/L$ の電場が左向きに発生するので，電気素量(§9・1・1)を e とすれば，自由電子は電流と逆方向の右向きへ，大きさ $F_1 = eE$ の静電気力を受けて移動する．しかし導線内部の陽イオンが自由電子の移動を妨げるので，自由電子の速さは一定となる．このときの自由電子の平均の速さを $\bar{v}$ とすれば，自由電子にはたらく抵抗力の大きさは $F_2 = k\bar{v}$ と表すことができる(k は比例定数)．この抵抗力 F_2 は電流が定常的に流れている(これを**定常電流**という)ときは静電気力 F_1 とつり合っているので，$F_1 = F_2$ である．この関係を使えば，自由電子の平均の速さは

$$\bar{v} = \frac{eV}{kL} \tag{10・2}$$

と表される．

一方，図10・1で断面Bを時間tの間に通過する自由電子の個数は，自由電子の数密度をn〔個/m^3〕とすれば，長さ$\bar{v}t$の領域（AB間）に含まれる自由電子の個数$n\bar{v}tS$に等しい．よって単位時間に断面Bを通過する電気量の大きさは$q=en\bar{v}tS$となるので，電流の大きさIは(10・1)式より

$$I = en\bar{v}S \tag{10・3}$$

である．これに(10・2)式を代入すれば

$$I = \frac{ne^2S}{kL}V \tag{10・4}$$

である．この式は電圧Vが電流Iに比例することを表しているので，比例定数をRで表せば

$$V = RI \tag{10・5}$$

となる．このRは**電気抵抗**（または単に**抵抗**）とよばれ，電流の流れにくさを表す量であり，単位は〔Ω〕（オーム）である．また(10・5)式の比例関係は**オームの法則**として知られている．電気抵抗Rは

$$R = \frac{kL}{ne^2S} \tag{10・6}$$

と書けるので，導線の電気抵抗は導線の長さLに比例し，断面積Sに反比例することがわかる．よって(10・6)式で$\rho=k/(ne^2)$とおけば

$$R = \rho\frac{L}{S} \tag{10・7}$$

と表すこともできる．ここでρ〔Ω·m〕は**抵抗率**とよばれる定数であり，導線の材質や温度によって決まる．導体の場合，抵抗率は温度の上昇と共にほぼ直線的に増加する．この関係は，0 °Cのときの抵抗率をρ_0，摂氏温度をT〔°C〕とすれば

$$\rho = \rho_0(1 + \alpha T) \tag{10・8}$$

で表される．ここでαは**抵抗率の温度係数**とよばれる．

なお，通常は電子が陽イオンに束縛されているため，導体ほど電流が流れやすくないが，熱や光などの外部からの影響で一部の電子が束縛を離れて移動できるようになる物質を**半導体**とよぶ．半導体の場合は，温度が上がると抵抗率は小さくなる．

10・1 電流と電気エネルギー

例題 10・1 断面積が $3.0\times 10^{-6}\,\mathrm{m}^2$ である導線に $1.0\,\mathrm{A}$ の電流が流れているとき,導線内部の自由電子の平均の速さ $[\mathrm{\mu m/s}]$ を求めよ.導線は銅でできており,銅中の自由電子の密度は 8.5×10^{28} 個/m^3 であるとする.

解 (10・3)式に題意の数値および電気素量 $e=1.6\times 10^{-19}\,\mathrm{C}$ を代入すれば

$$\bar{v} = \frac{I}{en S} = \frac{1.0}{1.6\times 10^{-19}\times 8.5\times 10^{28}\times 3.0\times 10^{-6}} \approx 2.5\times 10^{-5}\,[\mathrm{m/s}]$$

であり,自由電子の平均の速さは約 $25\,\mathrm{\mu m/s}$ である.これは大腸菌が遊泳する速さ $10\sim 35\,\mathrm{\mu m/s}$ とほぼ同じであり,非常にゆっくりと移動している.

10・1・2 電気エネルギーとジュール熱

電熱線や豆電球に電流を流すと熱が発生する.このことから電流は熱を発生するようなエネルギーをもつと考えられる.このエネルギーを**電気エネルギー**とよび,電球や抵抗,モーターのように電気エネルギーを消費するものを**負荷**とよぶ.たとえば高い抵抗値をもつ導線である電熱線に電流を流せば,自由電子が電熱線中の陽イオンに衝突する.その結果陽イオンの熱振動が激しくなり,電熱線は発熱する.このときに発生する熱は**ジュール熱**とよばれる.これは電場から受けた静電気力によって自由電子が得た運動エネルギーが,熱エネルギーに変換されたと考えることができる.

このことを図 10・1 を用いて微視的に説明する.電場から静電気力 $F_1=eE=eV/L$ を受けて平均の速さ $\bar{v}$ で移動している自由電子は,時間 t の間に距離 $\bar{v}t$ だけ移動する.よってこの間に自由電子 1 個が電場から受ける仕事は

$$F_1\cdot \bar{v}t = \frac{eV\bar{v}t}{L} \tag{10・9}$$

となる.導線には nSL 個の自由電子があるので,導線内のすべての自由電子が電場から受けた仕事の総和 W は,電流の大きさが $I=en\bar{v}S$ であることから

$$W = nSL\cdot \frac{eV\bar{v}t}{L} = Ven\bar{v}St = VIt \tag{10・10}$$

となる.W は抵抗が消費する電気エネルギーに相当し,**電力量**とよばれ,単位は $[\mathrm{J}]$(ジュール)である.また負荷が単位時間に消費する電力量は

$$P = \frac{W}{t} = VI \tag{10・11}$$

と表せる.この P を**消費電力**または単に**電力**とよび,単位は $[\mathrm{W}]$(ワット)である.なお,家庭で使用した電力量を表す単位として使われる $[\mathrm{Wh}]$(ワット時)や $[\mathrm{kWh}]$

(キロワット時)は1Wまたは1kWの電力を1時間使った際に消費するエネルギーのことである．

一方，導線から発生するジュール熱について考えると，電流は定常的に導線を流れているので，時間 t の間に自由電子が受けた仕事，すなわち電力量 W [J] はすべてジュール熱に変換されたと考えられる．よってこの発熱量を Q [J] とすれば

$$Q = W = VIt = RI^2 t = \frac{V^2}{R} t \tag{10・12}$$

となる．これを**ジュールの法則**という．

例題 10・2 30 Ω の抵抗に 3.0 A の電流が流れているとき，消費電力 P [W] を求めよ．また，その抵抗から 20 分間に発生するジュール熱 Q [J] と，そのために必要な電力量 W [kWh] をそれぞれ求めよ．

解 負荷の消費電力は (10・11) 式より
$$P = VI = RI^2 = 30 \times 3.0^2 = 270 \text{ [W]}$$
である．また 20 分間に発生するジュール熱 Q [J] は (10・11) 式より
$$Q = Pt = 270 \times (20 \times 60) = 3.24 \times 10^5 \text{ [J]}$$
これを kWh で表せば，1 kWh = 3.6×10^6 J より $Q = 0.090$ kWh である．

復習 10・1 40 W と 7 W の電力を消費する 2 種類の電球がある．この二つの電球が消費する電力量の差は何 kWh か．

まとめ 10・1
- 電流とは荷電粒子の移動のことであり，導線内でオームの法則に従う電気抵抗を受ける．
- 導線内を移動する荷電粒子(自由電子)によって導線内の陽イオンは激しく熱振動し，導線はジュール熱を発生する．

10・2 直流回路

前節では電流の起源と抵抗，ジュール熱について学んだ．本節では，抵抗と電源を組合わせたさまざまな回路を定量的に理解するための方法を学ぼう．

10・2・1 抵抗の電圧降下と直流電源の起電力

オームの法則によれば，抵抗 R の導体の両端に電圧 V を与えると，V および $1/R$ に比例した大きさの電流が導体に流れる．それは山の上にある湖から海へと，川を水が流れていくことに似ている．この例では，海に対する湖の高さが電圧に，川幅

が抵抗の逆数に，そして水の流れが電流に対応している．

オームの法則を別の視点から解釈すれば，電流 I が流れるとき抵抗 R は電位を $V=RI$ だけ下げるはたらきをもつといってもよい．これを**電圧降下**(または**電位降下**)という．一方，乾電池や蓄電池などの**電池**は**直流電源**として抵抗の両端に一定の電圧(電位差)を与え，電位を上げるはたらきをもつ．このはたらきもしくはその大きさを**起電力**という．この抵抗と直流電源の接続を模式的に表すと図 10・2(a) のようになる．これは最も単純な**直流回路**であり，電流のループをつくっていることから，より一般的には**電気回路**とよばれている．ただし電池の内部には抵抗(**内部抵抗**)があり，実際に電池が電気回路に与える端子電圧は起電力よりも小さくなる(図 10・2b)．

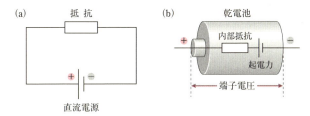

図 10・2 (a) 直流電源と抵抗の接続(直流回路), (b) 乾電池の内部抵抗

10・2・2 抵抗の直列接続・並列接続

直流回路の例として，抵抗を複数つなげた電気回路を考えてみる．たとえば抵抗値 R_1 と R_2 の二つの抵抗を直列または並列につなぎ，それぞれに端子電圧 V の直流電源を接続して直流回路を構成する(図 10・3)．このときそれぞれの回路全体の抵抗(**合成抵抗**)R は，次のように計算できる．

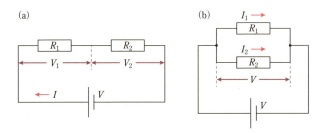

図 10・3 (a) 二つの抵抗からなる直列回路, (b) 二つの抵抗からなる並列回路

- **直列接続(a)の場合:** 直流電源から抵抗 R_1 と R_2 へ流れる電流は等しく,その大きさを I とすると,オームの法則から $V_1=R_1I$, $V_2=R_2I$ が成り立つ.一方,二つの抵抗による電圧降下の和は,電源の端子電圧と等しいので,$V=V_1+V_2=(R_1+R_2)I$ である.よって直流電源から見た合成抵抗 R は次のようになる.

$$R = R_1 + R_2 \tag{10・13}$$

- **並列接続(b)の場合:** 抵抗 R_1 と R_2 は図 10・3(b) のように並列につながれているので,それぞれの抵抗における電圧降下は等しく,その大きさは端子電圧に等しく V である.よって二つの抵抗 R_1 と R_2 に流れる電流をそれぞれ I_1 と I_2 とすれば,$I_1=V/R_1$ と $I_2=V/R_2$ が得られる.一方,直流電源から流れる電流 I は I_1 と I_2 の和であるから,合成抵抗 R と端子電圧 V の関係は,オームの法則より $V=R(I_1+I_2)$ となる.よって,I_1 と I_2 に前述の式を代入すれば $V=R(V/R_1+V/R_2)$ となり,V を消去して合成抵抗に関する次の式が得られる.

$$\frac{1}{R} = \frac{1}{R_1} + \frac{1}{R_2} \tag{10・14}$$

- **合成抵抗:** 3個以上の抵抗を直列または並列に接続した場合も,合成抵抗 R は同様に計算することができる.N 個の抵抗を直列につなげた場合は,次のようになる.

$$R = R_1 + R_2 + \cdots + R_N = \sum_{i=1}^{N} R_i \tag{10・15}$$

また N 個の抵抗を並列につなげば抵抗の逆数の和が合成抵抗の逆数に等しくなる.

$$\frac{1}{R} = \frac{1}{R_1} + \frac{1}{R_2} + \cdots + \frac{1}{R_N} = \sum_{i=1}^{N} \frac{1}{R_i} \tag{10・16}$$

これらの関係は,円筒形の抵抗の大きさがその長さ L に比例し,断面積 S に反比例することを示した (10・7) 式とつじつまが合う.なぜなら,抵抗を直列接続することは抵抗の長さ L を長くすることに相当し,並列接続することは断面積 S を大きくすることに相当するからである.

例題 10・3 起電力の大きさが E_m,内部抵抗が r の乾電池に負荷として抵抗 R をつなぐとき,消費電力が最大となる R の値およびそのときの消費電力 P_max を求めよ.

解 内部抵抗と負荷抵抗の合成抵抗は $r+R$ であるので(図 10・4),電気回路を流れる電流の大きさは $I=E_\mathrm{m}/(r+R)$ となる.よって,負荷抵抗 R における消費電力は

$$P = RI^2 = \frac{RE_\mathrm{m}^2}{(r+R)^2}$$

となる．消費電力 P を R の関数 $P(R)$ とみなせば，$P(R)$ の導関数が 0 となるとき，消費電力は極大値 $P_{\max}$ をとる．すなわち

$$\frac{dP}{dR} = \frac{E_m^2(r^2-R^2)}{(r+R)^4} = \frac{E_m^2(r-R)}{(r+R)^3}$$

より，消費電力が最大となるのは負荷抵抗と内部抵抗が等しいとき，すなわち $R=r$ であり，そのときの消費電力は $P_{\max}=E_m^2/(4r)$ である．

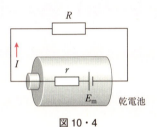

図 10・4

10・2・3 キルヒホッフの法則

抵抗が複数接続されているだけでなく，電源も複数接続されているような回路のようすを調べる際には，**キルヒホッフの法則**が用いられる．これは第 9 章で述べた電荷の保存則とオームの法則を電気回路一般に適用した法則である．

● キルヒホッフの第一法則：図 10・5 のように，回路の中の任意の点に流れ込む電流を正，流れ出す電流を負と定義すれば，その点におけるそれらの電流 $I_i (i=1, 2, \cdots)$ の総和は 0 である．

$$I_1 + I_2 + I_3 + \cdots + I_i + \cdots = 0 \quad (10・17)$$

● キルヒホッフの第二法則：回路の中の任意の閉じた経路（閉回路）において，起電力による電位 V_i の上昇を正，電圧降下による電位 V_i の下降を負と定義すれば，その閉回路における電位の昇降の総和は 0 である．

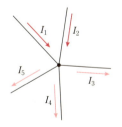

図 10・5 任意の点に流れ込む電流と流れ出る電流

$$V_1 + V_2 + V_3 + \cdots + V_i + \cdots = 0 \quad (10・18)$$

これらの法則の記述だけでは，実際の電気回路への適用方法がわかりづらいので，次の例題をとおしてキルヒホッフの法則の有用性を確認しよう．

例題 10・4 三つの抵抗と直流電源を使い，図 10・6 のような電気回路を組立てた．電流 I_3 の向き（符号）と大きさを求めよ．

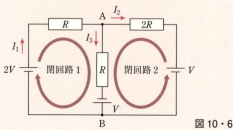

図 10・6

解 図 10・6 のように，電気回路を左右の二つの閉回路 1，2 に分けて考えてみる．そのとき，電流 I_1 は分岐点 A で電流 I_2 と I_3 に分かれる．この分岐点 A に注目すると，キルヒホッフの第一法則から

$$I_1 - I_2 - I_3 = 0 \tag{10・19}$$

の関係を得ることができる．一方，閉回路 1 にキルヒホッフの第二法則を適用すると

$$2V - RI_1 - RI_3 + V = 0 \tag{10・20}$$

同じく閉回路 2 におけるキルヒホッフの第二法則は

$$V + 2RI_2 - RI_3 + V = 0 \tag{10・21}$$

と書くことができる．ここで(10・20)式は $I_1 = -I_3 + 3V/R$，(10・21)式は $I_2 = I_3/2 - V/R$ と変形できるので，(10・19)式と合わせて変数 I_1，I_2，I_3 の連立方程式とみなして解けば，$I_3 = 8V/5R$ となる．またこの値は正であるので，電流 I_3 の方向は図 10・6 の仮定どおり，分岐点 A から分岐点 B に向かう．

復習 10・2 図 10・6 の電気回路において，抵抗値 $2R$ の抵抗を抵抗値 R のものに交換した．電流 I_2 の向き（符号）と大きさを求めよ．

まとめ 10・2
- 複数の抵抗を直列または並列につなぐことにより，合成抵抗を定義できる．
- キルヒホッフの法則を使うことにより，複雑な電気回路を流れる電流や電圧を計算できる．

10・3 直流回路とコンデンサー

本節では，電源と抵抗，コンデンサーからなる電気回路について説明する．また，電気回路は生物の神経伝達を理解するうえでも大切な理論となることを学ぼう．

10・3・1 コンデンサーの直流回路への接続

図 10・7 のような電気容量 C の平行板コンデンサーの 2 枚の金属平板 A, B それぞれに $+q$ と $-q$ の電荷を与えると，平板間の電位差 V と電荷 q との関係は

$$q = CV \tag{10・22}$$

で表される(§9・3・2)．図 10・8(a) のように，このコンデンサーを電荷が蓄えられていない状態 ($q=0$) で端子電圧 V_T の直流電源に接続することを考える．

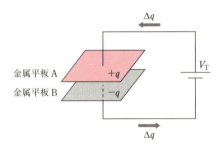

図 10・7 平行板コンデンサー

電源に接続した直後は，金属平板 A, B の間の電位差は (10・22) 式から 0 である ($V=0$)．これに電源が与える端子電圧 V_T がそのままコンデンサーにかかり，正電荷は平板 B から平板 A へ移動する．その結果，ある短い時間の後に平板 A には $+q$ の電荷が，平板 B には $-q$ の電荷が蓄えられる．すると金属平板間の電位差は $V=q/C$ となり，コンデンサーは電源に対して負荷としてはたらくようになる．さらにこの状態から微小な電荷 Δq が平板 B から平板 A へ移動するのに必要な仕事 ΔW は，(9・9) 式と (9・10) 式より

$$\Delta W = V \Delta q = \frac{q}{C} \Delta q \tag{10・23}$$

となる．この式からわかるように，コンデンサーにたまる電荷 q が大きくなればなるほど，電源が電位差 V に逆らって行う仕事 ΔW は大きくなる (図 10・8b)．そしてこの仕事は，電源の電位差 V が端子電圧 V_T に等しくなるまで続く．よって最終的にコンデンサーに蓄えられる電荷を

$$Q = CV_T \tag{10・24}$$

とすれば，それに要する仕事 W は，ΔW を積分することによって求めることができる．すなわち移動する電荷を Δq から dq へ無限に小さくしたときの仕事 dW を，$q=0$ から $q=Q$ まで積分すればよい．(10・23) 式より，$dW = (q/C)dq$ であるので

$$W = \int_0^Q dW = \int_0^Q \frac{q}{C} dq = \frac{Q^2}{2C} \tag{10・25}$$

と書ける．回路の中に抵抗がなければ，この仕事 W は損失することなく，静電気力による位置エネルギーとしてコンデンサーに蓄えられる．これを**静電エネルギー** U といい，コンデンサーの平板間の電位差を V，蓄えられている電荷を Q，電気容量を C とすれば，(10・24)式より

$$U = \frac{Q^2}{2C} = \frac{1}{2} QV = \frac{1}{2} CV^2 \tag{10・26}$$

で与えられる．

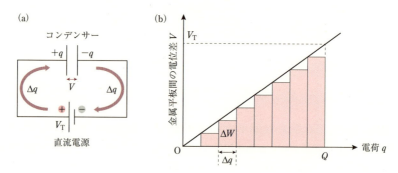

図 10・8 (a) コンデンサーに電源を接続，(b) 電源接続中の電荷と電位差の関係

　このようにコンデンサーは静電エネルギーを蓄える能力をもつが，電位差 V がある限度を超えると平板間の不導体をとおして**放電**が起こり，コンデンサーは破壊されてその能力を保てなくなる．これを**絶縁破壊**とよび，コンデンサーに許容される電位差(電源側からみれば電圧)を**耐電圧**という．耐電圧の大きさは平板間の不導体の種類によって異なり，乾燥した空気では 3.0×10^6 V/m，ガラスでは $20 \sim 40 \times 10^6$ V/m である．またコンデンサーの耐電圧は電場の単位〔V/m〕を用いて表すことが慣習となっている．これはコンデンサーを電子部品として使う際に，厚さ(すなわち金属平板間の距離)を意識しているからである．

10・3・2　コンデンサーの直列接続・並列接続

　コンデンサーの電気容量や耐電圧を変えるには，電子部品としてのコンデンサーそのものを別の規格の部品に交換してもよいし，複数のコンデンサーを組合わせて

も実現できる．たとえば電気容量 C_1 と C_2 の二つのコンデンサーをそれぞれ直列または並列につなぎ，それらに端子電圧 V の直流電源を接続して直流回路を構成する（図 10・9）．このとき，それぞれの回路全体の電気容量（**合成容量**）C は，次のように計算できる．

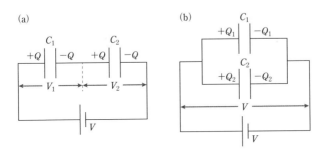

図 10・9 二つのコンデンサーからなる回路 (a) 直列回路，(b) 並列回路

- **直列接続 (a) の場合**：コンデンサー C_1 と C_2 の間における全電荷は 0 であるとすると，電荷の保存則より 4 枚の金属平板に生じる電荷の大きさ Q はすべて等しくなければならない．よって，コンデンサーにおける平板間の電位差は，それぞれ $V_1 = Q/C_1$, $V_2 = Q/C_2$ となる．キルヒホッフの第二法則から $V = V_1 + V_2$ であるので，合成容量を C とすれば $Q/C = Q/C_1 + Q/C_2$ の関係が成り立つ．よって，Q を消去すれば合成容量に関する次の式が得られる．

$$\frac{1}{C} = \frac{1}{C_1} + \frac{1}{C_2} \tag{10・27}$$

- **並列接続 (b) の場合**：コンデンサー C_1, C_2 における平板間の電位差は等しく，その大きさは V である．よって，それぞれのコンデンサーに蓄えられる電荷は，$Q_1 = C_1 V$, $Q_2 = C_2 V$ となる．この回路に蓄えられる全電荷 $Q = CV$ は $Q_1 + Q_2$ と等しいので，$CV = C_1 V + C_2 V$ となる．よって直流電源からみた合成容量 C は

$$C = C_1 + C_2 \tag{10・28}$$

となる．

- **合成容量**：合成抵抗の場合と同様に，N 個のコンデンサーを直列に接続した場合も，合成容量 C は次のように計算できる．

$$\frac{1}{C} = \frac{1}{C_1} + \frac{1}{C_2} + \cdots + \frac{1}{C_N} = \sum_{i=1}^{N} \frac{1}{C_i} \tag{10・29}$$

また，並列に接続した場合は

$$C = C_1 + C_2 + \cdots + C_N = \sum_{i=1}^{N} C_i \qquad (10\cdot 30)$$

となる．このようにコンデンサーを直列につないでいくと合成容量は減り，並列につなげば合成容量は大きくなることがわかる．これらの関係は，電気容量 C が金属平板の面積 S に比例し，間隔 d に反比例することを示した $(9\cdot 26)$ 式から説明できる．コンデンサーを直列につなぐことは平板間の間隔を拡げることであり，並列につなぐことは平板の面積を増やすことに相当するからである．

10・3・3 RC 回路

図 10・8(a) の回路は，コンデンサーの静電エネルギー U を説明するための仮想的な回路である．実際には通常の回路の中には導線や電源の内部抵抗などの抵抗が存在し，時間をかけてコンデンサーに電荷が蓄えられる．以下，この過程を図 10・10(a) のような抵抗 R，コンデンサー C，端子電圧 V の直流電源，スイッチからなる RC 回路を用いて調べてみる．

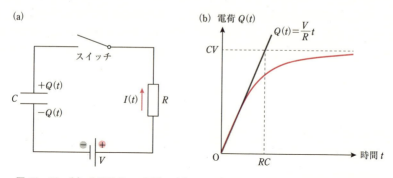

図 10・10　(a) 典型的な RC 回路，(b) コンデンサーに蓄えられる電荷の時間変化

まず，時刻 t においてコンデンサーに蓄えられている電荷を $Q(t)$，抵抗を流れる電流を $I(t)$ と表す．時刻 $t=0$ において回路のスイッチを入れると，これらの量は時間と共に変化する．すると RC 回路では，抵抗で $RI(t)$，コンデンサーで $Q(t)/C$ だけ電圧が降下する．よってキルヒホッフの第二法則より

$$V = RI(t) + \frac{Q(t)}{C} \qquad (10\cdot 31)$$

が成り立つ．ここで $(10\cdot 1)$ 式を微小時間 Δt に対して用いれば，電流と電荷の変化

の関係は $\Delta Q(t) = I(t)\Delta t$ となり，$\Delta t \to 0$ の極限では

$$I(t) = \frac{dQ(t)}{dt} \quad (10 \cdot 32)$$

のように，電流を電荷の時間微分として書ける．(10・32)式を(10・31)式に代入して整理すれば

$$\frac{dQ(t)}{dt} + \frac{Q(t)}{RC} = \frac{V}{R} \quad (10 \cdot 33)$$

が得られる．これは電荷に関する**1階線形常微分方程式**であり，大学の初等数学の知識を使えば手で解くことができる．また，式の右辺が0である場合を**同次線形微分方程式**といい，演習問題10・3の解答でその解法を説明する．ここでは(10・33)式の解（一般解）のみを示すと

$$Q(t) = Ae^{-\frac{t}{RC}} + CV \quad (10 \cdot 34)$$

で表される指数関数となる．A は定数であり，e は自然対数の底（$= 2.71828\cdots$）である．時刻 $t=0$ のとき，コンデンサーに電荷はたまっていないものとすると，$Q(0)=0$ という初期条件が解の(10・34)式に加わり，任意定数は $A = -CV$ となる．したがって，スイッチを入れた後のコンデンサーの電荷 $Q(t)$ の時間変化は

$$Q(t) = CV(1 - e^{-\frac{t}{RC}}) \quad (10 \cdot 35)$$

となる．これをグラフで示せば図10・10(b)のようになる．スイッチを入れた直後は，コンデンサーの電気容量 C の大きさにかかわらず，電荷は V/R の速さで増加する．もしそのままの割合で電荷が増えていけば，コンデンサーに蓄えられる電荷は $t = RC$ において上限 $Q = CV$ に達する．しかし徐々に電荷の増加率は減り，その値は時間をかけて CV に漸近する．この値 RC を RC 回路の**時定数**といい，コンデンサーが蓄えることのできる電荷 CV に漸近する時間の目安として用いられる．

このような指数関数で表される式は，電磁気学における RC 回路だけでなく，経済学における投資効果や社会学における情報伝達などさまざまな分野に登場する．

10・3・4　神経伝達における膜電位の等価回路モデル

私たち生き物は細胞レベルでも電気を使っている．ここでは生物学における RC 回路の例として，ニューロンの膜電位の変化を電気回路に置き換えてみよう．細胞内外を移動する荷電粒子の流れが電流に相当する．

細胞内外のイオンの分布には偏りがある．細胞外には Na^+ が多く，細胞内には

K^+ と Cl^- が多い(図 10・11)．イオンは濃度の低い方へ拡散しようとするので，この濃度勾配は膜を越えようとする力(駆動力)として，常にイオンにはたらいている．イオンは荷電粒子であるから，正(+)のイオンの流れはそのまま電流とみなすことができる．ただし，イオンは脂質二重層を透過することはできないので，**イオンチャネル**とよばれるタンパク質の孔を通る．

まず K^+ の流れを考える．K^+ チャネルは平時には開いており，K^+ は濃度勾配による駆動力で移動していく．すると細胞外には K^+ による電荷が増え，細胞内では相対的に Cl^- による負電荷が増える．その結果，正と負のイオンが静電気力によって脂質二重層を隔てて向き合い，細胞の内外に電位差が生じる(図 10・11 左)．

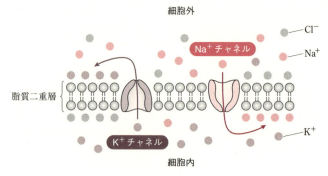

図 10・11　**細胞内の神経伝達**　K^+ チャネルと Na^+ チャネルをもつ生体膜におけるイオンの透過

この電位差が§9・3・3で述べた膜電位 V_m であり，絶縁体である脂質二重層はコンデンサーの役割を果たしている．この膜電位は K^+ の移動が続く限り大きくなるが，細胞外の正電荷の量が増えることで，K^+ の移動もしだいに減っていく．これは図 10・10(a)の回路で示されたコンデンサー内の電荷 $Q(t)$ の量が，図 10・10(b)のように，その増量を徐々に減らしていくことと同じ現象といえる．

Na^+ についても同様の考察ができる．Na^+ チャネルは平時には閉じているが，ニューロンに刺激が加わると開き，Na^+ が濃度勾配による駆動力によって細胞内への移動を開始する．その結果，図 10・11 の右側のように，K^+ チャネルの場合と反対の符号をもつ膜電位を生じることになる．

さて本題である．一見ややこしい膜電位の時間変化も，図 10・12 のような電気回路に置き換えてやれば，定量的に追うことができる．このように複雑な(生体)物質中の荷電粒子の流れを，簡単な電気回路で等価に表現したものを**等価回路**という．

10・3 直流回路とコンデンサー

図 10・12 の電気回路では，K^+ と Na^+ のイオンチャネルをそれぞれ別の**可変抵抗**(大きさを自由に変えることのできる抵抗) R_K, R_{Na} とみなし，並列に接続している．また脂質二重層は前述のように比膜容量 C_m (電気容量は $C_m S$, S は脂質二重層の面積) のコンデンサーとみなせるので，これも並列に接続する．二つの直流電源の起電力 E_K, E_{Na} は，濃度勾配によるイオンの流れの駆動力に対応する．この並列等価回路は前節で説明した RC 回路であり，細胞膜が K^+ と Na^+ だけを透過する場合のモデルとして，しばしば用いられている．もちろん膜電位や電荷の時間変化を正確に計算するには，RC 回路と同じように微分方程式を解く必要があるが，時定数を算出すれば定量的な議論を行うことができる．

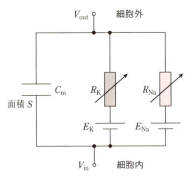

図 10・12　細胞内の神経伝達の等価回路　K^+ と Na^+ の 2 種類のイオンを透過する場合の並列等価回路．R_K, R_{Na} は可変抵抗

また細胞膜内外のイオンの出入りが定常的な状態となったときの膜電位 $V_{in} - V_{out}$ は**静止膜電位** V_{m0} とよばれ，図 10・12 の並列等価回路にキルヒホッフの法則を使って次式のように計算できる．

$$V_{m0} = \frac{R_K E_{Na} + R_{Na} E_K}{R_K + R_{Na}} \tag{10・36}$$

まとめ 10・3
- コンデンサーにはその性能に応じた静電エネルギーを蓄えることができる．
- 複数のコンデンサーを直列または並列につなぐことによって，必要な電気容量をもつ合成容量をつくることができる．
- 抵抗とコンデンサーを組合わせた RC 回路における電流や電圧の変化は，時定数によって特徴づけられる．また RC 回路は，神経伝達における膜電位の変化を説明する等価回路として用いられる．

演習問題

10・1 半径 2 mm の銀の導線に 1 A の電流を流した.導線を流れる電子の平均の速さを求めよ.銀を流れる電子は単位体積 (1 cm^3) 当たり 5.8×10^{22} 個,電子 1 個の電気量 (電気素量) は 1.6×10^{-19} C とする.

10・2 下図のように四つの抵抗と可変抵抗,二つの電源からなる直流回路がある.抵抗を流れる電流 I_1, I_2, I_3 〔A〕の向きを図のように定めるとき,次の問いに答えよ.

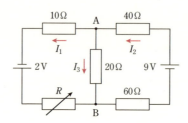

1) キルヒホッフの第一法則,第二法則を使い,電流 I_1, I_2, I_3 を変数とする連立 3 元 1 次方程式をたてよ.ただし可変抵抗の値を R〔Ω〕とする.
2) 可変抵抗の値が $R = 20\,\Omega$ であるとき,電流 I_1, I_2, I_3 の値〔A〕を求めよ.
3) 接続点 A と B の電位を等しくするような可変抵抗 R の値〔Ω〕を求めよ.

10・3 下図のように,電荷が蓄えられている電気容量 C のコンデンサーが抵抗 R に接続された回路がある.この回路のスイッチは開いているため,両極板間の電位差が V_0 に保たれている.今 ($t=0$) スイッチを閉じ,抵抗 R を通して放電を行ったところ,抵抗にジュール熱が発生した.次の問いに答えよ.

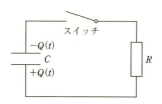

1) コンデンサーに蓄えられている電荷 $Q(t)$ の時間変化を表す微分方程式を,(10・33) 式にならって書け.
2) 時刻 t における電荷 $Q(t)$ を求めよ.
3) コンデンサーの電位差が 0 となるまでに抵抗に発生するジュール熱の総量を求めよ.

11 磁場と電流

磁石は私たちの身のまわりのあちこちに使われている．金属にくっつく性質があるので，黒板や冷蔵庫にメモを留めたり，かばんの留め金に使われたりもする．その吸引力は磁石が発生する"磁場"という物理的概念と関係がある．磁場は磁石からだけでなく，電流の周囲にも発生する．実は磁場は電流(電場)と大変深い関係にあるのだ．その深い関係のおかげで，私たちは携帯電話やスマートフォンから発信される電波(電磁波)を使って，通信ができるのである．

1. 磁力は磁場を介して作用することを説明できる．3種類の磁性体の性質について，磁気双極子を用いて説明できる．
2. 電流はその周囲に磁場をつくることを，ビオ・サバールの法則を用いて説明できる．電流も磁場から力を受けることを，ローレンツ力を用いて説明できる．
3. コイル中の磁束密度の変化によって，コイルに誘導電流が生じることを説明できる．電磁波の発生の原理について述べることができる．

11・1 磁石と磁場

磁鉄鉱(マグネタイト，Fe_3O_4)のなかには自然界に存在する**磁石**として古くから知られているものがあり，鉄を引きつける．このような性質を**磁気**あるいは**磁性**とよぶ．本節では，磁気について詳しく見ていこう．

11・1・1 磁力と磁気量，磁気モーメント

磁気と電気には，いくつかの類似性がみられる．たとえば，荷電粒子同士が静電気力(クーロン力，第9章)を及ぼし合うのと同様に，磁石同士も力を及ぼし合う．すなわち磁石は二つの**磁極**(**N極**と**S極**)をもち，同種の磁極間には斥力，異種の

磁極間には引力がはたらく。N極とS極の名称は方位磁針に由来し、地球上で北を向く磁極をN極、南を向く磁極をS極とよぶ。この磁極間にはたらく力を**磁力**(**磁気力**)とよび、その大きさは(11・1)式で表される。この式はクーロンの法則(9・2式)とよく似ており、**磁気に関するクーロンの法則**とよばれる。

$$F = \frac{1}{4\pi\mu}\frac{q_{m,1}q_{m,2}}{r^2} \qquad (11\cdot1)$$

ここで $q_{m,1}$, $q_{m,2}$ で表される量は**磁気量**(または**磁荷**)とよばれ、静電気における電荷 q に相当する量であり、単位は〔Wb〕(ウェーバ)である。N極の磁気量の符号を正、S極の磁気量の符号を負と定める。(11・1)式の右辺 $1/(4\pi\mu)$ は、磁極の周囲にある物質の種類によって決まる物理量 μ(**透磁率**)に依存する定数であり、単位は〔$Wb^2/(N\cdot m^2)$〕または〔N/A^2〕である。透磁率も誘電率 ε と同様に、真空中における量が物理定数として定義されており、$\mu_0 = 4\pi\times 10^{-7}\,Wb^2/(N\cdot m^2)$ である。この μ_0 を**真空の透磁率**という。

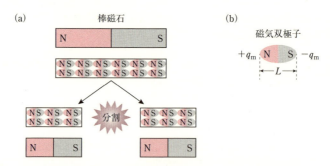

図11・1 (a) **磁石の分割**, (b) **磁気双極子** 磁石の要素は磁気双極子という小さな磁石と考えられ、磁石を分割しても分割面に新たなS極とN極が現れる。

磁気に関するクーロンの法則(11・1式)を見ると、磁気量 q_m と電荷 q はとてもよく似ている。しかし、電荷は正電荷と負電荷に分離できる一方、磁石は必ずN極とS極を併せもち、分割してもその分割面に必ずS極とN極が対になって現れる(図11・1a)。N極だけの磁石やS極だけの磁石(**モノポール**)は、現在のところ発見されていない。このように磁石の要素(磁気の源)は、電荷のように単独の磁気量をもつ粒子ではなく、N極とS極をもつ小さな磁石と考えた方がよい。この小さな磁石を**磁気双極子**とよぶ。

磁気双極子は、図11・1(b)のように、一対の正負の磁気量 $+q_m$ と $-q_m$ が長さ

L でつながった小さな棒磁石と考えることができる.よってその性質は $\pm q_\mathrm{m}$ や L などの単独の値よりも,力のモーメントのように,それらの積の和が重要であると考えられる.磁気双極子の中心から各磁気量までの距離は $L/2$ であるから,N極,S極への方向を考慮して

$$m = (+q_\mathrm{m}) \cdot \left(+\frac{L}{2}\right) + (-q_\mathrm{m}) \cdot \left(-\frac{L}{2}\right) = q_\mathrm{m} L \qquad (11 \cdot 2)$$

という量を定義すれば,この m が**磁気モーメント**とよばれる量の大きさとなる.単位は〔Wb·m〕である.またモーメントは方向をもつ量なので,一般的にはベクトル $\boldsymbol{m}$ で表される.磁気モーメントは,磁気双極子の集合体と考えられる棒磁石についても定義でき,図11・1のように棒磁石を構成する n 個の磁気双極子すべてが同じ方向を向いていれば,棒磁石の磁気モーメント $\boldsymbol{M}$ は

$$\boldsymbol{M} = n\boldsymbol{m} \qquad (11 \cdot 3)$$

となる.これは静電気現象における誘電体の分極 $\boldsymbol{P}$(図9・8b)に対応するベクトルで表される物理量といえる.

11・1・2 磁 場

磁力は静電気力と同じように,磁極が存在することによって周囲の空間が磁気的に変化し,他の磁極がその空間(場)から力を受けることで生じる.このように変化した空間を,**磁場**または**磁界**とよぶ.

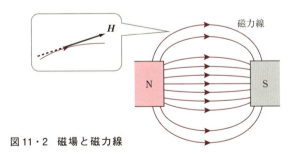

図 11・2 磁場と磁力線

磁場のようすは,電場における電気力線と同様に,**磁力線**を使って表せる(図 11・2).磁力線は磁石のN極から出てS極に入り,交差したり分岐することはない.また磁力線が密に存在する場所ほど磁場は強い.

磁場は電場同様,大きさと向きをもつ物理量であるので,$\boldsymbol{H}$ のようにベクトル

で表す.また磁場の強さは,N極(正の磁極)が1Wb当たりに受ける力の大きさで表す.磁極の磁気量をq_m,磁極が磁場から受ける力をFとすれば

$$F = q_m H \tag{11・4}$$

の関係が成り立つ.よって磁場の単位は〔N/Wb〕(ニュートン毎ウェーバ)となる.

11・1・3 磁場中の磁気双極子にかかる力のモーメント

(11・4)式は磁気現象と静電気現象との類似(アナロジー)をよく示しているが,先に述べたように磁極は単独では存在せず,必ずN極とS極が対になって現れる.よって図11・3のように磁石や磁気双極子のN極とS極が一様な磁場から受ける力Fは,それぞれ磁場Hと平行に,同じ大きさ$q_m|H|$で互いに逆方向を向いている.すなわち棒磁石(磁気双極子)の重心は一様な磁場によって移動することなく,重心を中心とした回転運動のみが生じる.

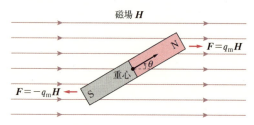

図11・3 一様な磁場から力を受ける棒磁石 磁気双極子の場合も同様である.

たとえば図11・3のように棒磁石のN極とS極を結ぶ方向が,磁場Hの方向に対して反時計回りに角度θだけ傾いていたとすると,この棒磁石にかかる力のモーメントの大きさ$N=|\boldsymbol{N}|$は,棒磁石の長さをLとして,次式のようになる.

$$N = (+q_m|H|)\cdot\left(\frac{L}{2}\right)\sin\theta + (-q_m|H|)\cdot\left(\frac{L}{2}\right)\sin(\pi+\theta) = q_m|H|L\sin\theta \tag{11・5}$$

より一般的には,一様な磁場Hの中に置かれた磁気モーメントMの棒磁石にかかる力のモーメントNは,**外積**(数学コラム3・3)の記号×を使って

$$N = M \times H \tag{11・6}$$

と表せる.これは単磁極がするように思わせてしまう(11・4)式よりも現実に則した式となる.

11・1・4 磁化と磁性体

磁石は図11・1のように磁気双極子の集まりであると述べた．実は電子や原子核も，磁気双極子としての性質があるため，物質を磁場の中に置くだけで，物質が磁石としての性質をもつことがある．このように物質が外部の磁場によって磁気モーメントをもつようになることを**磁化する**という．また，磁化した物質を**磁性体**といい，図11・4に示すように，その振舞いによって物質を3種類に分類することができる．

常温における**アルミニウム・マグネシウム・酸素**などは，外部磁場のない状態では磁気双極子の磁気モーメントの方向が熱によって四方八方に揺らぎ，磁石としてはたらくことはない．しかし外部から磁場を与えると，磁気双極子は磁力線の方向に並び，外部磁場をわずかに強めるような磁化が生じる．このような物質を**常磁性体**という．これは誘電体に電場を与えるときに起こる誘電分極と似ている．

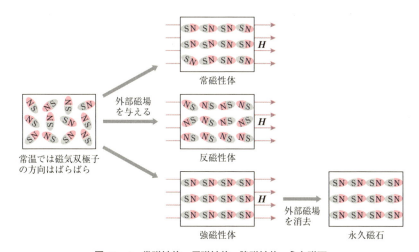

図11・4 常磁性体，反磁性体，強磁性体，永久磁石

水・銅・ダイヤモンド・窒素などに外部磁場を与えると，磁気双極子は磁力線とは反対方向を向いて並ぶ．このためこれらの物質に磁石を近づけると，非常に弱い斥力を生じる．このような物質を**反磁性体**という．

一方，**鉄・コバルト・ニッケル**などは**強磁性体**とよばれ，常磁性体に比べて磁化の程度が桁違いに大きく（数百～数千倍），磁石を近づけると強い引力を示す．たとえばアルミニウムや銅でできた1円玉や10円玉に磁石を近づけても引き寄せられ

ることはないが，ねじや釘などの鉄製品は強く磁石に引きつけられる．ドライバー(ねじまわし)の先端には磁石が埋込まれており，ねじをドライバーに引きつけて細かい作業をしやすくしている．強磁性体の中には，外部磁場がなくなった状態でも磁化が残る(**残留磁化**)ものもあり，これを**永久磁石**とよぶ．

　磁性体それぞれの性質は，物質を構成する原子や分子における，電子や原子核の状態によって決定される．磁気双極子の起源は，本質的には**量子力学**によって説明されうる(本書では詳しく扱わない)．さまざまな電子機器の材料として永久磁石になりやすい強磁性体を探す場合も，量子力学による電子や原子核の複雑な計算が重要となる．

　体積 V の磁性体が磁場 H によって一様に磁化する場合，その磁性体中の単位体積当たりの磁気モーメントの量を**磁化**(または**磁化ベクトル**) J といい

$$J = \frac{M}{V} \equiv \chi_\mathrm{m} H \tag{11・7}$$

で表す．ここで磁化 J の単位は〔Wb/m^2〕であることから，磁化は単位面積当たりの磁気量の意味をもつといえる．これは磁性体のN極とS極に現れる単位面積当たりの磁気量の大きさ(強さ)に等しい．また χ_m は**磁化率**とよばれ，物質固有の量である．

まとめ 11・1
- 磁石は磁性体であり，磁極(N極とS極)をもち，鉄などを引きつける．
- 磁極の周囲には磁場が発生し，磁石は磁気モーメントとよばれる磁場からの力を受ける．
- 物質は磁化することによって，常磁性体，強磁性体，反磁性体の3種類に分類される．

11・2 磁場と電流

11・2・1 電流により生じる磁場

　磁気現象は，磁気双極子を起源として生じるものだけではない．H. C. Ørsted(エルステッド)(1777〜1851年)は1820年，電流の流れる導線のそばにある方位磁針がふれるのを見て，導線に流れる電流の周囲に磁場を生じることを偶然発見した．ここでは導線を流れる電流がつくる磁場の典型的な三つの例を説明する．

■ **直線電流のつくる磁場**　図11・5のように導線を流れる直線電流の周囲には，同心円状の磁場が発生する．電流の流れる向きをねじの進む向きとしたとき，同心円状の磁場の向きは，ねじを回す向きとなる．これを**右ねじの法則**とよぶ．磁場の

強さ H は電流の大きさ I 〔A〕に比例し，導線からの距離 r 〔m〕に反比例する．

$$H = \frac{I}{2\pi r} \tag{11・8}$$

この式から磁場の強さ H の単位は，〔A/m〕となる．これは(11・4)式の磁極の存在を前提とした磁場の単位〔N/Wb〕と同じ単位であるので，1 A/m＝1 N/Wb である．すなわち磁気量を表す単位である〔Wb〕は，〔Wb〕＝〔N·m/A〕＝〔kg·m²/(s²·A)〕であり，四つの基本単位（〔m〕，〔kg〕，〔s〕，〔A〕）で表せる．

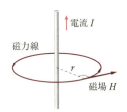

図 11・5 直線電流のつくる磁場

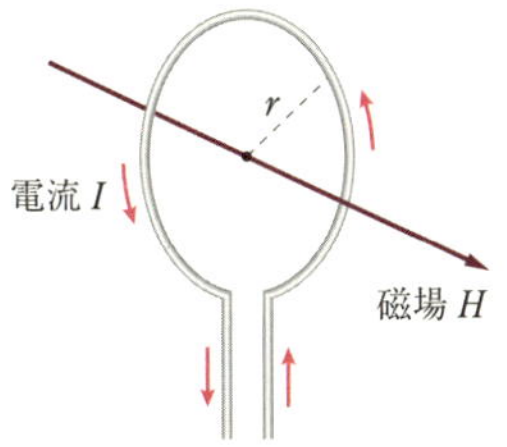

図 11・6 環状電流が円の中心につくる磁場

■ **環状電流のつくる磁場** 　導線を円形に曲げると，磁場はどのように変化するだろうか．図 11・6 のように，半径 r の円形の導線（円形コイル）に大きさ I の電流を流す．このようにループ状に流れる電流を**環状電流**または**ループ電流**とよぶ．このとき円の中心に生じる磁場の強さ H は

$$H = \frac{I}{2r} \tag{11・9}$$

となる（例題 11・3 参照）．環状電流がつくる磁場（磁力線）は，巨視的には磁気双極子がつくる磁場と同じように見える．

例題 11・1 半径 4.0 cm の円形コイルに 2 A の電流を流した．円形コイルの中心に生じる磁場の強さを求めよ．

解 　(11・9)式より，以下のようになる．

$$H = \frac{I}{2r} = \frac{2}{2 \times 0.04} = 25 \, \text{A/m}$$

復習 11・1 　直線になるようにピンと張った導線に 1.57 A の電流を流した．導線から 20 cm の距離における磁場の強さ〔A/m〕を求めよ．円周率は 3.14 とする．

■ **ソレノイドに流れる電流がつくる磁場**　鉄芯にエナメル線を巻きつけた電磁石を見たことがあるだろうか？ 導線を円筒状に巻いたコイルを**ソレノイド**といい，電流を流すと棒磁石とよく似た磁場をつくる（図 11・7）．ソレノイドが十分に長ければ，ソレノイド内部の磁場は直線状となり，強さ H は場所によらず一定となる．ここでソレノイドの軸方向に沿った 1 m 当たりの巻き数を n 〔1/m〕とすると

$$H = nI \qquad (11\cdot10)$$

となる．鉄芯などの棒状の強磁性体に被覆導線（エナメル線など）をソレノイド状に巻いて電流を流すことによって，強力な電磁石をつくることができる．

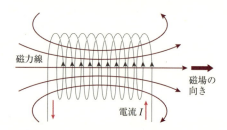

図 11・7　ソレノイドに流れる電流がつくる磁場

この電磁石と永久磁石，円錐状の紙（コーン紙）を組合わせることで，スピーカーはつくられている（図 11・8）．スピーカー内の永久磁石に囲まれた電磁石に音の波形のもととなる電流の変化を与えることにより，電磁石に取付けられたコーン紙を振動させ，音波を発するのである．

図 11・8　スピーカーの構造　(a) スピーカーの外観．コーン紙が振動することで音波が発生する．(b) スピーカー内には永久磁石が入っている．

例題 11・2　エナメル線を 200 回巻いてつくった細長いソレノイドがある．このソレノイドに 0.2 A の電流を流したときに生じる，ソレノイド内部の磁場の大きさを求めよ．ソレノイドの長さは 10 cm である．

解　ソレノイド 1 m 当たりの巻き数は $n=200/0.1=2000$ であるから，(11・10)式より，ソレノイド内部の磁場の強さは $H=nI=2000\times0.2=400$ A/m となる．

11・2・2 ビオ・サバールの法則

前項では，三つの形状の導線に電流を流したときに生じる磁力線と磁場のようすと，その強さ H を与える式のみを示した．どの式も，磁場の強さ H は電流の大きさ I に比例していた．本項では微小な長さの導線に電流 I が流れたときに生じる磁場を，より一般的な公式を用いて説明する．

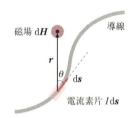

図 11・9 電流素片のつくる磁場

図 11・9 のように曲がった導線の中で，長さ ds の直線に近似できるような小さな断片に流れる大きさ I の電流に注目しよう．これは**電流素片**(または**電流要素**)とよばれ，Ids という式で表される．ここで ds は導線の断片の長さ ds と電流の向きをもつベクトルである．この電流素片によって，位置ベクトル r だけ離れた場所に生じる磁場 dH は次のように表せる．

$$dH = \frac{Ids \times r}{4\pi r^3} \quad (11 \cdot 11)$$

ここで r は位置ベクトル r の大きさで，電流素片から磁場までの距離を表す．$\times$ はベクトルの外積を表す．(11・11)式を外積を使わずに書き直すと，磁場の強さ dH はベクトル r と ds のなす角を θ として

$$dH = \frac{I \sin\theta \, ds}{4\pi r^2} \quad (11 \cdot 12)$$

となる．このとき磁場の向きは，電流素片の向きに対して右ねじの法則に従う．この法則は，Ørsted が電流のつくる磁場を発見した数カ月後に，J.-B. Biot(1774～1862 年)と F. Savart(1791～1841 年)によって発見されたことから，**ビオ・サバールの法則**とよばれる．

そのさらに数カ月後，A. M. Ampère (1775～1836 年)はビオ・サバールの法則と同等の法則である**アンペールの法則**を発見した．これも 1820 年のできごとである．

例題 11・3 半径 r の円環に流れる大きさ I の電流が，円環の中心につくる磁場の強さは(11・9)式で与えられる．この式をビオ・サバールの法則から導け．

解 円環電流の電流素片 d**s** の向きは，円環の中心方向に対して常に直角($\theta = \pi/2$)である．よって，円環の任意の場所における電流素片が円環の中心につくる磁場の強さ dH は，ビオ・サバールの法則から

$$\mathrm{d}H = \frac{I \sin \frac{\pi}{2} \mathrm{d}s}{4\pi r^2} = \frac{I \mathrm{d}s}{4\pi r^2}$$

となる．円環を流れるすべての電流素片がつくる磁場を足し合わせると

$$H = \oint \mathrm{d}H = \oint \frac{I}{4\pi r^2} \mathrm{d}s = \frac{I}{4\pi r^2} \oint \mathrm{d}s = \frac{I}{4\pi r^2} 2\pi r = \frac{I}{2r}$$

となり，(11・9)式が得られる．ここで記号 $\oint$ は周回積分を表し，dH を円環に沿って積分する(足し合わせる)ことを意味する(数学コラム 2・1)．

復習 11・2 ビオ・サバールの法則(11・12式)を使って，直線電流のつくる磁場の大きさを与える(11・8)式を証明せよ．

11・2・3 電流が磁場から受ける力と磁束密度

Ørsted が"磁石が電流から力を受ける"ことを発見した翌年(1821 年)，M. Faraday(1791~1867 年)は電流が磁場から力を受けることを発見した．図 11・10 に Faraday の発見した現象を簡略化して示す．一様な強さ H の磁場の中に置かれた長さ L の金属(導体)棒に，大きさ I の電流を流すと，金属棒は磁場や電流の向きに垂直な方向に力を受ける．その方向は図 11・10 のとおり，左手の中指を電流の向き，人差し指を磁場の向きに合わせたときの親指の向きである．これを**フレミングの左手の法則**とよぶ．また力の大きさ F は，透磁率を μ とすれば

$$F = \mu H I L \qquad (11 \cdot 13)$$

となる．これは金属棒そのものにはたらく力で

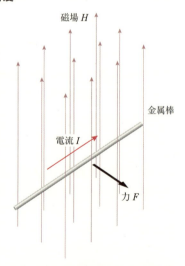

図 11・10 電流の流れる金属棒が磁場から受ける力

> **数学** 11・1 周回積分
>
> 例題 11・3 で登場した周回積分の記号 $\oint$ は，(9・12)式を使って電場から電位を計算したときに用いた線積分を，円周のように閉じた曲線に対して行うことを示す．ただしここでは，円形をなす線素 ds が円の中心につくる磁場の大きさ(スカラー)を足し合わせるだけなので，(9・12)式のように内積記号は出てこない．

はなく，そこを流れる電流，より根源的にいえば自由電子などの**移動する荷電粒子に作用する力**である．よって電流の流れる方向と磁場の方向を考慮してベクトルで表記すると，電流素片 $Id\boldsymbol{s}$ が磁場 $\boldsymbol{H}$ から受ける力 $d\boldsymbol{F}$ は

$$d\boldsymbol{F} = \mu I d\boldsymbol{s} \times \boldsymbol{H} \tag{11・14}$$

のように外積を使った式で表される．ここで磁場 $\boldsymbol{H}$ と透磁率 μ の積 $\boldsymbol{B}$ を

$$\boldsymbol{B} = \mu \boldsymbol{H} \tag{11・15}$$

のように表し，これを**磁束密度**と定義する．(11・14)式は

$$d\boldsymbol{F} = I d\boldsymbol{s} \times \boldsymbol{B} \tag{11・16}$$

と書き換えることができる．

(11・4)式では磁極が磁気的な場によって受ける力から磁場 $\boldsymbol{H}$ を定義し，その単位は〔N/Wb〕であった．(11・16)式では電流素片(単位は〔A・m〕)が磁気から受ける力(単位 N)の強弱から磁束密度 $\boldsymbol{B}$ を定義したといえる．よって磁束密度 $\boldsymbol{B}$ の単位は〔N/(A・m)〕となり，国際単位系(SI)ではこれを〔T〕(テスラ)と表記する．

例題 11・4 磁束密度の単位〔T〕(テスラ)を，磁気量の単位〔Wb〕(ウェーバ)と〔m〕を用いて表せ．また透磁率の単位が〔N/A^2〕であることも示せ．

解 (11・15)式より

磁束密度の単位〔T〕= 透磁率の単位〔Wb^2/(N・m^2)〕・磁場の単位〔N/Wb〕
$\quad\quad\quad\quad\quad\quad$ =〔Wb/m^2〕

となり，**磁束密度は磁化**(§11・1・4)**と同じ単位をもつ**ことがわかる．つまり，磁束密度は単位面積当たりの磁気量に相当する単位をもつ．上式で計算に用いた透磁率の単位〔Wb^2/(N・m^2)〕は(11・1)式から導出したものであるが，(11・14)式から計算すると

$$透磁率の単位 = \frac{力の単位〔N〕}{電流素片の単位〔A・m〕・磁場の単位〔A/m〕} = 〔N/A^2〕$$

となる．通常はこちらの単位を使うことが多い．

磁束密度 B は(11・7)式で定義した磁化率 χ_m と同様に，磁場の強さに対する物質(磁性体)固有の比例定数である透磁率 μ を含む．よってこの二つの物理量は真空の透磁率 μ_0 を介して次式によって結びつけられる．

$$\mu = \mu_0 + \chi_\mathrm{m} \equiv (1+\tilde{\chi}_\mathrm{m})\mu_0 \equiv \tilde{\mu}\mu_0 \qquad (11\cdot17)$$

ここで $\tilde{\chi}_\mathrm{m}$ は比磁化率，$\tilde{\mu}$ は比透磁率とよばれる．比磁化率 $\tilde{\chi}_\mathrm{m}$ の値によって，磁性体(§11・1・4)は常磁性体($0\ll\tilde{\chi}_\mathrm{m}\ll 1$)，強磁性体($\tilde{\chi}_\mathrm{m}\gg 1$)，反磁性体($-1\ll\tilde{\chi}_\mathrm{m}<0$)におおむね分類される．また(11・15)式は，真空の透磁率と磁化を使って

$$B = (\mu_0+\chi_\mathrm{m})H = \mu_0 H + J \qquad (11\cdot18)$$

と表すこともできる．この式は，磁束密度 B という磁場を表すベクトル量をとおして，真空中の磁場 H と物質の磁化 J を関連づけられることを示している．これは電場 E と誘電体における分極 P の関係を示した(9・17)式にとても似ており，ここでも電気現象と磁気現象の類似性をみることができる．

11・2・4 ローレンツ力

■ **ローレンツ力**　電流を定義した(10・3)式を思い出すと，電流素片 $I d\boldsymbol{s}$ が磁束密度 B から力を受けるということは，言い換えれば速度 v で電気量 q の荷電粒子が移動すると磁束密度から力を受けるということである．これは**ローレンツ力**とよばれ，次式で表される．

$$\boldsymbol{f} = q\boldsymbol{v}\times\boldsymbol{B} \qquad (11\cdot19)$$

たとえば図 11・11 のように磁束密度 B の磁場の中を，速度 v で移動する自由電子にはたらくローレンツ力 $\boldsymbol{f}$ は

$$\boldsymbol{f} = -e\boldsymbol{v}\times\boldsymbol{B} \qquad (11\cdot20)$$

となる．この式を平均の速度 $\bar{v}$ で移動する多数の数密度 n の自由電子に当てはめ

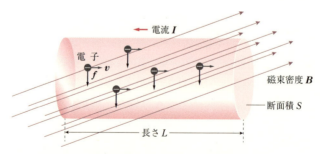

図 11・11　導体棒を速度 v で移動する自由電子にはたらくローレンツ力 $\boldsymbol{f}$

れば，電流素片 ds が磁束密度から受ける力 dF を導出できる．長さ ds，断面積 S の円柱状の領域に含まれる電子の個数は $nSds$ であり，電流は $I = -en\bar{v}S$ で定義できるので

$$dF = nSds(-e\bar{v}) \times B = (Ids) \times B = Ids \times B$$

と式を変形することができ，(11・16)式と一致することがわかる．

■ **サイクロトロン運動**　図 11・11 を見てわかるように，一様な磁場中を移動する荷電粒子は，常に速度と垂直な方向にローレンツ力 f がはたらく．これは初速度を与えた粒子に向心力がはたらいているのと同じ状況であるため，粒子は等速円運動を行うことになる．これを**サイクロトロン運動**とよぶことがある(図 11・12)．さまざまな種類の荷電粒子の性質を調べるサイクロトロン(円型加速器)では，サイクロトロン運動を利用して粒子を加速している．

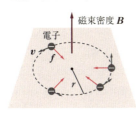

図 11・12　荷電粒子の
サイクロトロン運動

例題 11・5　図 11・12 のように，質量 m の電子が磁束密度の大きさ B の一様な磁場中を，磁場の方向と垂直な面内で半径 r の等速円運動(サイクロトロン運動)をしている．このとき円運動の周期 T を求めよ．電子の電気量の大きさを e とする．

解　ローレンツ力 f が電子の円運動の向心力となっているから，(11・20)式より電子の速さを v とすれば，その運動方程式は

$$f = m\frac{v^2}{r} = evB \tag{11・21}$$

となる．よって円運動の半径 r は，$r = mv/(eB)$ となる．したがって円運動の周期 T は

$$T = \frac{2\pi r}{v} = \frac{2\pi m}{eB} \tag{11・22}$$

である．このようにサイクロトロン運動の周期は，電子の速さに依存しない．

> **まとめ 11・2**
> - 電流の周囲には磁場が生じ，その強さはビオ・サバールの法則で表される．
> - 電流はフレミングの左手の法則に従って磁場から力を受ける．
> - 真空中の磁場 H と物質の磁化 J は磁束密度 B をとおして結びつけられる．
> - 磁場中を移動する荷電粒子はフレミングの左手の法則に従って，ローレンツ力を受ける．

11・3 電磁誘導と電磁波
11・3・1 磁束と磁束線

図 11・2 では磁場 H のようすを磁力線によって表した．**磁束密度 B** を用いると，磁場のようすをよりわかりやすく理解できるようになる．すなわち磁束密度 B に垂直な断面には，単位面積（$1\,\mathrm{m}^2$）当たり磁束密度の大きさ B に等しい数の**磁束線**が存在すると定義する（図 11・13）．そして面積 S の断面を垂直に貫く磁束線の本数を**磁束**とよぶ．よって磁束 Φ は磁束密度とそれが貫く断面の法線ベクトルとのなす角 θ を使って，次式で定義される．

$$\Phi = BS\cos\theta = B_n S \qquad (11\cdot 23)$$

ここで $B_n = B\cos\theta$ は，磁束密度 B が貫く断面の法線方向成分である．

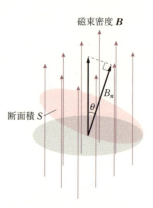

図 11・13 磁束密度の法線方向成分

磁束の単位は Wb であるので，磁極からは 1 Wb 当たり 1 本の磁束線が出ていることになる．しかしモノポールは発見されていないので，磁束線には始点も終点も存在せず，電気力線と異なり閉曲線を描くことになる．よって磁束線が任意の閉曲面 S の中に入る数と出る数は等しくなるので，(9・7) 式に対応する磁気現象の法則として

$$\iint_S B_n \mathrm{d}S = 0 \qquad (11\cdot 24)$$

という関係が成り立つ．これは**磁場におけるガウスの法則**とよばれ，磁気現象における基本法則の一つである．

11・3・2 電磁誘導の法則

Faraday は電流によって磁場を発生させたように，磁場によって電流を発生させることはできないかと考えた．図 11・14 の実験のように棒磁石をコイルに近づけると，コイルに電流が流れる（Ⓖ は検流計）．また棒磁石を遠ざけると，今度は逆向きに電流が流れる．さらに棒磁石を止めた状態で，コイルの方を棒磁石に近づけたり遠ざけたりしても，コイルに電流が流れる．これはコイルの中を貫く磁束 Φ が時間と共に変化することによって生じる現象であり，**電磁誘導**とよばれる．電磁誘導によってコイルに生じる起電力を**誘導起電力**といい，コイル内の磁束の変化を

妨げる向きに磁場が生じるようにコイルに**誘導電流**が流れる(**レンツの法則**). また誘導起電力の大きさは, 棒磁石を動かす速さによっても変化する. これは誘導起電力 V が, 単位時間 Δt 当たりのコイルを貫く磁束の変化量 $\Delta\Phi$ に比例するためである. この関係は**ファラデーの電磁誘導の法則**とよばれ

$$V = -N\frac{\Delta\Phi}{\Delta t} \qquad (11\cdot 25)$$

と表される. ここで N はコイルの巻き数である. また右辺の負の符号は, 磁束の変化を妨げる向きに起電力が発生することを意味する. すなわちコイルに流れる誘導電流の向きは, 磁石が近づく方向に対して右ねじの方向を正としている.

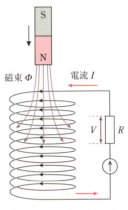

図 11・14　電磁誘導

例題 11・6　図 11・15 のように, 磁束密度の大きさ B の磁場に対して垂直に, 抵抗 R で接続された 2 本の長細い導体のレールが間隔 L で平行に置かれている. その上をレールに対して垂直に置かれた導体棒が, 右から左へ一定の速さ v で移動している. このとき, レール, 導体棒, 抵抗からなる回路を流れる誘導電流 I の大きさを求めよ.

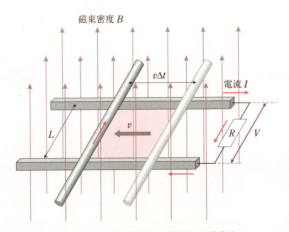

図 11・15　磁場に垂直に移動する導体棒

解 導体棒が移動すると回路を貫く磁束は，単位時間 Δt 当たり $\Delta\Phi = Bv\Delta tL$ だけ増加する．よって(11·25)式より，この回路に生じる誘導起電力の大きさ V は

$$V = \left|-\frac{\Delta\Phi}{\Delta t}\right| = \left|-\frac{Bv\Delta tL}{\Delta t}\right| = vBL \tag{11·26}$$

となる．よって，オームの法則より

$$I = \frac{V}{R} = \frac{vBL}{R} \tag{11·27}$$

となる．

11·3·3 誘導電場と渦電流

図 11·14 の電磁誘導の実験からわかるように，抵抗を含む一つの閉回路を貫く磁束の量が変化すると，回路には誘導電流が流れる．これは磁石を動かしてもコイルを動かしても同じように生じる．これを**相対性原理**といい，電流は電場によって動く電子の流れであることを考えれば，磁束密度 B の変化によって磁束線のまわりに電場が生じ，これによって電流が流れたと考えることができる．この電場を**誘導電場**とよび，その電気力線は図 11·16(a) のように始点も終点もない閉じた曲線となる．

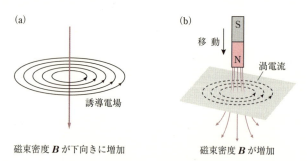

図 11·16 磁束密度の変化によって生じる**誘導電場**(a)，**渦電流**(b)

この誘導電場による現象の一つとして，**渦電流**がある．図 11·16(b) のように磁石を銅板に上方から近づけると，銅板を貫く磁束密度が増大し，左回りの誘導電流(誘導電場)が銅板内に生じる．その結果，銅板には磁石と逆向きの磁束密度が生じ，磁石と反発する力を受ける．よって，これもレンツの法則によるものといえる．

11・3・4 誘導磁場と電磁波の発生

ファラデーの電磁誘導の法則に従えば，磁束密度が時間的に変化すると，誘導電場が磁束密度の増大する向きに対して左ねじの方向に，渦状に発生する．J. C. Maxwell（1831～1879 年）はこれとは反対の現象，すなわち電場が変化している空間には，渦状の磁場が生じると考えた（図 11・17a）．Maxwell はこの考えを定式化し，電場におけるガウスの法則，磁場におけるガウスの法則，ファラデーの電磁誘導の法則を加え，四つの偏微分方程式からなる**マクスウェルの方程式**を 1864 年に提唱した．Maxwell の理論によって，電場と磁場は**電磁場**として統一的にその振舞いを記述できるようになったため，マクスウェルの方程式は古典電磁気学の基礎方程式とよばれる．

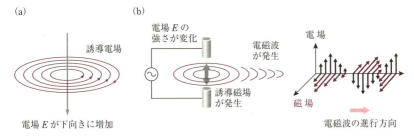

図 11・17 電場の変化によって生じる電磁波 (a) 誘導磁場, (b) ダイポールアンテナに交流電流を流すことで発生する電磁波．⊙ は交流電源

またマクスウェルの方程式による理論から，電場と磁場が変動しながら波として空間を伝わる**電磁波**の存在が予言され，1888 年にヘルツの実験によって確認された．たとえばアマチュア無線などで広く使われているダイポールアンテナは，2 本の導体棒をコンデンサーのように向かい合わせた装置であり，これに時間と共に変化する電流を流すと図 11・17(b) のように電磁波が発生する．すなわち導体棒間の電場が時間的に変化することによって誘導磁場が発生し，その誘導磁場が誘導電場を生じ…という連鎖によって電磁波が発生する．電磁波における電場と磁場は互いに直交し，進行方向に対して**横波**として進む．また Maxwell の理論によれば，真空中を電磁波が進む速さ c は，真空の誘電率 ε_0 と真空の透磁率 μ_0 を用いて次のように表される．

$$c = \frac{1}{\sqrt{\varepsilon_0 \mu_0}} \fallingdotseq 3.0 \times 10^8 \, \mathrm{m/s} \tag{11・28}$$

これは光の速さと一致する．なぜなら光は電磁波の一種だからである．

携帯電話は電磁波(電波)を使って通信するので，会話のやりとりを非常に速く行える．

まとめ 11・3
- 始点も終点ももたない磁束線に対して，磁場におけるガウスの法則が成り立つ．
- コイル内の磁束が変化するとコイルに誘導電流が流れる．これを電磁誘導の法則という．
- Maxwell は電場と磁場に関する四つの法則をマクスウェルの方程式にまとめ，電磁波の存在を予言した．

演習問題

11・1 ある中学校では，年1回棒磁石(永久磁石)を使った実験を理科の授業で行っている．普段，棒磁石は2本ずつ木の箱に入れられて理科室に保管されている．その間に棒磁石の磁力はたいてい弱くなっている．次の問いに答えよ．
1) 棒磁石の磁力が自然に弱くなる理由を，残留磁化を考察することで説明せよ．
2) 2本の棒磁石を保管する際，なるべく磁化が小さくならないようにするには，どのような工夫をすればよいか．
3) 棒磁石をきれいにするために，棒磁石を水の入った容器に入れて保管した．この保管方法は適切でない理由を考えよ．

11・2 図11・18のように無限に長い直線状の導線A, Bが真空中に間隔 a で平行に並んでいる．この2本の導線には図のようにそれぞれ電流 I_A と I_B が同じ方向に流れている．真空の透磁率を μ_0 とするとき，次の問いに答えよ．

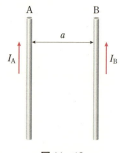

図11・18

1) 導線Aに流れる電流が導線Bのある1点につくる磁場の方向と大きさ H を，ビオ・サバールの法則を用いて求めよ．
2) 導線Bの長さ L の部分が導線Aから受ける力の大きさ F と向きを求めよ．
3) 導線Bに流れる電流を逆向きにしたとき，導線Bが導線Aから受ける力の向きはどのように変化するか．

11・3 例題11・6の図11・15のような回路を考える．
1) ローレンツ力の考え方を用いて，誘導電流 I の大きさを求めよ．
2) 導体棒が静止した状態でも，回路を貫く磁束の量を時間と共に変化させれば，回路に誘導電流 I は流れる．これはローレンツ力の考え方を用いて説明できるか，考察せよ．

12 電子と光と原子

オーロラは,太陽から発せられたエネルギーにより大気中の気体分子が発光する現象である.本章では,光の吸収や放出を,電子の性質や原子の構造と結びつけていこう.原子は原子核と電子からできている.電子のエネルギーは連続した値ではなく,とびとびの値だけをもつことができる.この不連続性は,光と物質の研究をとおして発展した"量子力学"により裏づけられた.電子と光の性質による現象は,化学や生命科学などの領域で欠かせない研究手法の基礎となっている.

行動目標
1. 電子の電荷と質量について説明できる.
2. 電子や光の粒子性と波動性について説明できる.
3. 原子の構造,スペクトルと電子のエネルギー準位の関係について説明できる.

12・1 電 子

電子の存在はいまや当たり前のようになっているが,そもそもどのように発見されたのだろうか.まず電子が"物質である"ことは,放電現象により認識された.単位質量当たりの電荷(比電荷)を求める実験や,1電子の電荷(素電荷)を求める実験を通じて電子の質量が明らかになった.素電荷や電子の質量は,電気現象を理解するだけでなく,電気現象を伴う技術においても基本的な量である.本節ではこれらについて詳しく見ていこう.

12・1・1 放電と陰極線

電子の発見は,真空放電による陰極線の発見に始まる.

■ **気体放電**　放電は，電気を帯びた物体が電子を放出する現象である．気体は通常ほとんど電気を通さない．しかし雷のように非常に高い電圧が加わると，放電して電流が流れる．実験室でも，気体を入れた放電管中の二つの電極間に高い電圧をかけると，陽極から陰極に向かって電流が流れる．このように気体中に電流が流れる現象を**気体放電**とよぶ．また，図 12・1 のような管を**放電管**とよぶ．

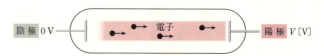

図 12・1　放電管　内部の気体の濃度を低くできるガラス管．
両端に電極が封入されており高電圧をかけられる．

■ **真 空 放 電**　放電管の電極に高電圧を加えて気体を希薄にすると，気体の種類によって特有の光を発する．このとき，気体分子(原子)の電子状態が放電により励起され(エネルギーが高い状態になり)，励起された電子が基底状態に遷移する過程で，エネルギー差に応じた光が放出される．このような希薄な気体による放電を，**真空放電**という．

■ **陰 極 線**　真空放電において，さらに管内の圧力を下げていくと，気体特有の色は消え，陽極側のガラス壁が蛍光を発するようになる．これは，陰極から放出された**陰極線**がガラス壁に当たるためである．

　陰極線は，写真フィルムを感光する，蛍光物質に当たると蛍光を発する，物体に遮られると影をつくるといった性質をもつ．また，一様電場中で電場の向きと反対方向に加速度を受けて曲がる．一様磁場中でも，負電荷がローレンツ力(§11・2・4)を受ける向きに曲がる．これらの性質は陰極の金属の種類や放電管の内部の気体の種類によらず，共通に成り立つ．この陰極線の正体は負の電荷をもつ粒子，すなわち<u>電子の流れ</u>(電子線)であり，陰極線の実験により電子の実体が初めて確かめられた．

12・1・2　電子の質量

■ **比 電 荷**　電子は物質であり，質量をもつ．電子の質量はどのように求められたのだろうか．電子の質量を直接精度よく求める実験は難しいが，荷電粒子の電荷と質量の比である**比電荷**(質量電荷比)を求める実験や，電子 1 個の電荷(素電荷)を求める実験は比較的易しい．

比電荷を求める実験は，次のように行われた．

1. 管壁に蛍光物質を塗った管に垂直な方向から陰極線を入射すると，管壁の陰極線が当たった箇所が蛍光を発する．この光った点を輝点とよぶ．
2. 陰極線と垂直な向きに一様電場をかけると，輝点がもとの位置からずれる．
3. 陰極線とも一様電場とも垂直な向きにある一定の大きさの磁場をかけると，輝点をもとの位置に戻すことができる．

このときの電場の大きさと磁場の大きさ，それらをかける区間の長さ，電場も磁場もかけない区間の長さから比電荷を求めることができる．

■ **電気素量**　電気量には最小単位があり，すべての電気量は最小単位の整数倍になっている．その最小単位を**電気素量**とよぶ．その値はR. A. Millikan (1868～1953年) が行った**ミリカンの油滴実験**により求められた (図12・2)．

まず，二つの電極板の間に帯電した油滴を噴射する．電極間には空気があり，運動する油滴には空気抵抗がはたらく．下向き (重力の向き) に電場をかけ，速さが一定の油滴を顕微鏡で観察し，油滴の速さを測定した．これにより，油滴の電荷が求められる．

さまざまな油滴の電荷を測定すると，電荷はとびとびの値をもつことが確認できた．その値の差の最小値を電気素量とみなすことができる．ミリカンの測定により，電気素量は 1.6×10^{-19} C と求められた．

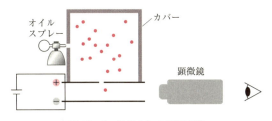

図12・2　ミリカンの油滴実験

■ **電子の質量**　現在，電子の比電荷の精密な値は2018年CODATA推奨値*で定められている $-1.75882001076(53) \times 10^{11}$ C/kg である．また**電気素量**は，[C] (クーロン)，[A] (アンペア) など電荷量を表す単位を定義するための基本定数として $1.602176634 \times 10^{-19}$ C と定められている．これらの値から電子の質量を見積もると，

---

*　科学技術データ委員会 (Committee on Data for Science and Technology) の基礎物理定数を発表するタスクグループにより発表される値

9.1093837015(28)×10^{-31} kg になる．

まとめ 12・1
- 真空放電で陰極から陽極に向かって流れるものを陰極線とよび，その正体は電子である．
- 電子の電荷と質量の比を比電荷，電気量の最小単位を電気素量とよぶ．これらの値より電子の質量が見積もられた．

12・2 電子や光の粒子性と波動性

光が回折や干渉などの波動性を示すことは19世紀以前に知られていたが，同時に粒子性をもつことが20世紀になって示された．このことは，量子力学の誕生に大きな影響を与えた．本節では，プランクの量子仮説やアインシュタインの光量子説について述べていこう．

12・2・1 電子や光の粒子性

■ **プランクの量子仮説**　温度が一定で，外部からのあらゆる振動数の入射電磁波を反射することなく完全に吸収するものを**黒体**とよぶ．黒体からは熱放射による電磁波が出るが，その振動数成分は黒体の温度のみに依存する．この電磁波の放射を**黒体放射**という．

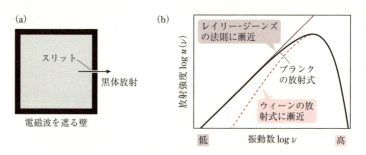

図12・3　**黒体放射**　(a) 黒体を放射する狭いスリットのある空洞，(b) 黒体放射の振動数依存性と，これまで知られていた式との比較

M. Planck(1858〜1947年)は，図12・3(a)のような黒体放射する炉からの放射を測定し，エネルギー密度の振動数依存性を説明する**プランクの放射式**を提唱した．この式は，これまで知られていた式(低振動数ではレイリー–ジーンズの法則，高振動数ではウィーンの放射式)にそれぞれ漸近するものであった(図12・3b)．そして，このことを説明する仮説として，黒体放射をとびとびのエネルギー

$$E_n = nh\nu \tag{12・1}$$

をもつさまざまな振動数の光の集合と解釈し,黒体放射のエネルギーはそれらの和であるとした*.ここで ν は光の振動数, h は**プランク定数**($h=6.62607015\times10^{-34}$ J/s)と定義される.これは**プランクの量子仮説**とよばれる.

■ **アインシュタインの光量子説**　A. Einstein(1879〜1955年)は,状態が高エネルギー準位から低エネルギー準位に遷移するときにエネルギー差 E に対応する振動数 ν の光の粒が放出され,また光の粒を吸収したときに低エネルギーから高エネルギーに遷移すると仮定した.Einstein は光の粒のことを**光子**とよび,光子のエネルギーを運動エネルギーとみなした.また光子の運動量は

$$p = \frac{E}{c} \tag{12・2}$$

と表せるとした.c は光速である.光子のエネルギー E,光の波長 λ はそれぞれ

$$\lambda = h\nu \tag{12・3}$$

$$E = \frac{c}{\nu} \tag{12・4}$$

である.

■ **光の粒子性と光電効果**　光の粒子としての性質を示す現象の一つに**光電効果**がある.これは,金属などに振動数の高い光を照射すると電子が飛び出してくる現象である.このとき飛び出す電子を**光電子**とよぶ.光電効果は図12・4のような光

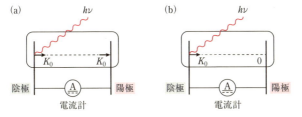

図12・4　(a) **光電管の電位差が0のとき**,(b) **電位差が阻止電圧 V_0 のとき**　陰極の金属に光が入射すると光電子が飛び出す.光電子が陽極に到達すると,両極間で電荷が移動するので電流(光電流)が流れる.(b)のように陽極での運動エネルギーが0になる電位差をかけることで,K_0 の値を測定できる.

---

* プランクの放射式が次式に比例することから,光のモードのエネルギーの値は $h\nu$ の整数倍になると結論づけた.

$$\sum_{n=1}^{\infty} \exp\left(-\frac{E_n}{k_B T}\right) = \frac{1}{\exp\dfrac{h\nu}{k_B T}-1} \quad E_n = nh\nu$$

電管を使って確かめることができる．この実験から，次のような特徴がわかった．

- ある一定の振動数 ν_0 よりも高い振動数の光でなければ，光電子は飛び出さない．この振動数 ν_0 を**限界振動数**とよぶ．
- 振動数を変えずにより強い光を当てると，飛び出す電子の数は増えるが，電子1個当たりの運動エネルギーは変わらない．
- 光の強さを変えずに，振動数の高い光を照射すると個々の光電子の運動エネルギーは大きくなるが，光電子の数は増えない．

これらの特徴のうち，"限界振動数よりも高い振動数の光でなければ光電子は飛び出さない" という事象は光の波動性だけでは説明できない．ここで，金属などの物質から電子が1個飛び出すのに必要な最小エネルギーとして**仕事関数** W 〔J〕を考える．すなわち W よりも大きいエネルギーを物質内の電子に与えると，運動エネルギーは $K>0$ となり，電子が物質から飛び出すと仮定した．Einstein は，光子と仕事関数を関連づけることにより上記一つ目の特徴を説明した．すなわち光子1個によって光電子1個が飛び出すと仮定すると，光子1個により物質内の電子に与えられたエネルギー $h\nu$ のうち W は電子が物質から出るために使われ，残りが光電子の運動エネルギーになる．光電子の運動エネルギーの最大値 K_0 について

$$K_0 = h\nu - W \qquad (12・5)$$

が成り立ち，光電効果の特徴をすべて説明できる．限界振動数以下の光 $h\nu < W$ では $K_0 < 0$ となり，電子は飛び出すだけの運動エネルギーを得ることができない．光の強さは光子の個数に相当すると考えると，他の特徴も説明できる．このように Einstein は光を粒子として考えることにより，光電効果の実験を説明した．

■ **光子・電子のエネルギー**　電子1個や光子1個のもつエネルギーは，1Jよりもはるかに小さい．そこで，きわめて小さいエネルギーを表す単位として，**電子ボルト**〔eV〕がよく用いられる．電子ボルトは，電子1個を1V(ボルト)の電位差を使って加速させたときに電子が得る運動エネルギーであり，1 eV $= 1.60 \times 10^{-19}$ J である．

12・2・2　X線の粒子性と波動性の応用

X線は，紫外線よりも振動数の高い(波長の短い)電磁波である．X線を用いると，可視光を用いた光学顕微鏡よりも微細な構造，たとえば結晶構造を解析できる．本節では，X線の粒子性と波動性の両面とその性質が結晶構造の解析に利用されることを学んでいこう．

■ **X線の粒子性とコンプトン効果**　光が粒子であるということは，A. H. Compton(コンプトン)

(1892〜1962年)によっても確認された．物体に X 線を当てて散乱する X 線の波長を測定するとき，散乱 X 線の波長が入射 X 線の波長よりも長くなる現象を**コンプトン効果**とよぶ．

Compton は，X 線も電磁波であり光子であるので，運動量

$$p = \frac{E}{c} \tag{12・6}$$

をもち，電子との衝突前後で運動量保存則，エネルギー保存則を満たすと考えた．

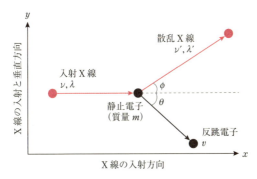

図 12・5 コンプトン効果

図 12・5 のように，静止している質量 m の電子に振動数 ν，波長 λ の X 線を当てる．X 線の散乱角 ϕ，散乱後の X 線の振動数 ν'，波長 λ' であり，衝突後の電子(反跳電子)の速度の向きは X 線の入射方向から θ，衝突後の電子の速さは v だったとする．このとき運動量保存則を入射方向 x と X 線の入射の垂直方向 y を考えると

$$\begin{cases} \dfrac{h\nu}{c} = mv\cos\theta + \dfrac{h\nu'}{c}\cos\phi \\ 0 = -mv\sin\theta + \dfrac{h\nu'}{c}\sin\phi \end{cases} \tag{12・7}$$

となり，エネルギー保存則は，静止質量にもエネルギー $E=mc^2$ があるとする相対性理論から

$$h\nu + mc^2 = h\nu' + \sqrt{m^2c^4 + m^2v^2c^2} \tag{12・8}$$

と表せる．コンプトンは，運動量保存則とエネルギー保存則から，波長の変化が

$$\lambda' - \lambda = \frac{h}{mc}(1-\cos\phi) \tag{12・9}$$

で与えられることを示し，実験結果とよく合うことを確かめた．

例題 12・1　(12・7)式と(12・8)式から θ を消去し(12・9)式になることを示せ．

解　(12・7)式の $mv\cos\theta$ と $mv\sin\theta$ を左辺に，それ以外を右辺に移項する．

$$mv\cos\theta = \frac{h\nu'}{c}\cos\phi - \frac{h\nu}{c}$$

$$mv\sin\theta = \frac{h\nu'}{c}\sin\phi$$

$mv\cos\theta$ の2乗と $mv\sin\theta$ の2乗の和を求めると

$$m^2v^2 = \left(\frac{h}{c}\right)^2(\nu^2+\nu'^2-2\nu\nu'\cos\phi) \qquad (12\cdot10)$$

となる．次に(12・8)式の右辺の $h\nu'$ を移項し

$$h(\nu-\nu') + mc^2 = \sqrt{m^2c^4+m^2v^2c^2}$$

両辺を2乗し

$$h^2(\nu-\nu')^2 + 2hmc^2(\nu-\nu') + m^2c^4 = m^2c^4 + m^2v^2c^2$$

整理すると

$$h^2(\nu-\nu')^2 + 2hmc^2(\nu-\nu') = m^2v^2c^2 \qquad (12\cdot11)$$

となる．(12・11)式の $m^2v^2c^2$ に(12・10)式の右辺に c^2 をかけたものを代入し

$$h^2(\nu-\nu')^2 + 2hmc^2(\nu-\nu') = h^2(\nu^2+\nu'^2-2\nu\nu'\cos\phi)$$

となる．整理すると

$$\frac{\nu-\nu'}{\nu\nu'} = \frac{h}{mc^2}(1-\cos\phi)$$

$$\frac{1}{\nu'} - \frac{1}{\nu} = \frac{h}{mc^2}(1-\cos\phi) \qquad (12\cdot12)$$

を得る．左辺は $\frac{1}{\nu'}-\frac{1}{\nu}$ であり，また $\lambda=\frac{c}{\nu}$ であるから，両辺に c をかけて(12・9)式となる．

■ **X線の波動性と結晶構造の解析**　X線は，他の電磁波と同じように，粒子性だけでなく波動性も示す．物体にX線を入射し，物体で散乱されたX線が重なり合う場所では干渉が起こり，位相が等しければ強め合い，位相がずれれば弱め合う（詳細は §5・1・3 を参照）．この性質を利用して，物質の結晶構造を決定できる．

図 12・6 にX線結晶構造解析の概要を示す．結晶中には分子が規則正しく配列しており，分子を構成する原子も規則正しく配列している．結晶をある方向で切断した断面を**結晶面**とよび，同じ断面が平行・等間隔に並んでいる．この結晶面の間隔を**面間隔** d とよぶ．結晶に波長 λ のX線を照射したときに散乱するX線は

$$2d\sin\theta = n\lambda \qquad (12\cdot13)$$

の条件を満たすときにのみ強め合い，検出器上にラウエ斑点とよばれるシグナルが

観測される.この式でθはX線の結晶面への入射角,nは任意の整数である.この条件を**ブラッグの条件**とよぶ.結晶にX線を照射すると,ブラッグの条件を満たす方向にラウエ斑点が生じる.ラウエ斑点は,X線照射前の結晶内の電子が規則正しく並んでいることによって干渉が起こった結果(X線の位相情報)であり,この位相情報を空間情報に数学的に変換することにより,結晶中の電子の分布を求めることができる.X線結晶構造解析は,タンパク質やさまざまな化合物の立体構造を決定する手段として,よく用いられている.

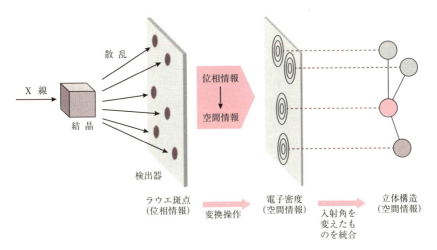

図 12・6　X 線結晶構造解析

12・2・3　電子の波動性の応用

電子も光(電磁波)と同じように,粒子性と波動性の両方を示す.本節では,電子の波動性について説明する*.

■ **物質波**　光子はエネルギー $E=h\nu$,運動量 $p=E/c$ をもつことより,波長 λ について

$$\lambda = \frac{h}{p} \tag{12・14}$$

が成り立つ.L. V. de Broglie(1892～1987 年)は,電子のような粒子も波動の性質を

---

* 実際には電子に限らず,人間くらいの大きさ,速さの物質にも波動性があるが,物質波の波長が短すぎるために日常的には感じることはない.

もち，運動量 $p=mv$ をもつことから

$$\lambda = \frac{h}{mv} \tag{12・15}$$

のように波長が決まる波だと仮定した（h はプランク定数）．この波を**物質波**（**ド・ブロイ波**），その波長を**ド・ブロイ波長**とよぶ．

■ **電子線の干渉・回折**　電子線とは，陰極線（§12・1）の別の言い方である．近年では電子線とよぶことの方が多い．干渉や回折は，波に特有な現象であり，単スリットを通した光を2個のスリットに通すと干渉縞が観察される．電子線も波動であることより，この二重スリットの実験により回折による干渉縞が観察されることが予想された．1927 年に C. J. Davisson と L. H. Germer は，ニッケルの表面に電子線を当てることにより，回折による干渉縞が生じることを確認した．また X 線と同様に，ブラッグの条件を満たすときに電子波が強め合い干渉パターンが観測された．

電子のド・ブロイ波長の値は加速電圧により変化し，電子のエネルギーが 300 keV のときに 10^{-12} m 程度となる．電子は電荷をもつので，磁場により電子線が曲げられる．電子顕微鏡はこのことを利用し，電子を磁場により曲げて結像させる．電子線の波長は可視光よりも短いので，電子顕微鏡では可視光の波長よりも小さい物質を"見る"ことができる．

まとめ 12・2
- 光は波動性，粒子性の両方をもつ．
- X 線は振動数の高い電磁波であり，コンプトン効果により粒子性を示す．
- 電子は粒子性，波動性の両方をもつ．

12・3 原子の構造

12・3・1 原子の構造の解明

生体物質を含むすべての物質は原子からできている．原子の構造はどのように探究されたのだろうか？ 19 世紀には，原子内の電荷の分布について，複数の模型が提唱された．E. Rutherford（1871〜1937 年）は，小さい正電荷の原子核●を中心に，

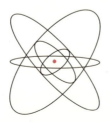

図 12・7　Rutherford の原子模型

種々の大きさの軌道半径で負電荷の電子が回る太陽系のような原子模型を提案した（図12・7）．そして，Rutherfordの原子模型に基づいた実験が行われ，原子核の大きさが非常に小さいことが明らかになった．

12・3・2 水素型原子と波動関数

原子の中で，電子はどのように存在しているのだろうか？ 電子の空間的な存在確率を示すのが，**原子軌道**（**電子軌道**ともよばれる）である．電子は粒子性と波動性の両方をもち，その空間的な存在確率と関連づけられるのが**波動関数**である．原子軌道は，ここで述べる水素型原子（原子核と1個の電子から構成される原子）の1個の電子を表す波動関数が基礎となる．ここでは，これを1電子軌道とよぶ．

E. Schrödinger（1887〜1961年）は，物質波の考え方を発展させて，電子の波動関数が満たす**波動方程式**（**シュレーディンガー方程式**）を提案した．シュレーディンガー方程式は，ある系の状態を波動とみなしたときの関数（波動関数）が満たす方程式であり，波動の運動エネルギーと位置エネルギーの和が一定である**エネルギー保存則**を表している．

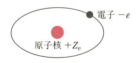

図12・8　水素型原子

水素型原子の模式図を図12・8に示す．この模式図では電荷 Z_e をもつ原子核に電子1個が束縛されていると考える．さらに，電子の質量に比べ原子核の質量が非常に大きいので，電子のエネルギーはその運動エネルギーと原子核から受けるクーロン力の和として近似できる．1電子の波動関数 Ψ は，原子核を原点とした極座標 r, θ, ϕ を用いて記述でき，シュレーディンガー方程式の解は整数 n, l, m（§12・3・3）に対応して複数あり

$$\Psi(r,\theta,\phi) \propto \left[\frac{2r}{nr_B}\right]^l \exp\left(-\frac{r}{nr_B}\right) L_{n-l-1}^{2l+1}\left(\frac{2r}{nr_B}\right) P_l^{|m|}(\cos\theta) e^{-im\phi} \qquad (12 \cdot 16)$$

となる．ここで

$$r_B = \frac{4\pi\varepsilon_0 \hbar^2}{m_e e^2}$$

であり，**ボーア半径**とよばれる．$L_p^q(x)$，$P_l^m(x)$ は x の多項式，i は虚数単位である．

12・3・3 原子軌道

ある原子軌道を表すときには，(12・16)式中の**主量子数** n，**方位量子数** l，**磁気量子数** m を用いる．電子が原子核に束縛されているという制約から

$$n \geq 1, \quad l+1 \leq n \tag{12・17}$$

が成り立つ．また $P_l^{|m|}(x)$ は x の関数であり

$$m = -l, -l+1, \cdots, l \tag{12・18}$$

が成り立つ．同じ主量子数 n に対する1電子波動関数の集まりが一つの**電子殻**であり，この波動関数を**原子軌道**という．原子軌道を求めることで，電子の空間的な存在確率が求められる．電子の存在確率が高い箇所は"原子軌道の形"ともいい，図示すると図12・9のようになる．

電子の存在確率を計算してみよう．たとえば $n=1$ のときは，(12・17)式より $l=$

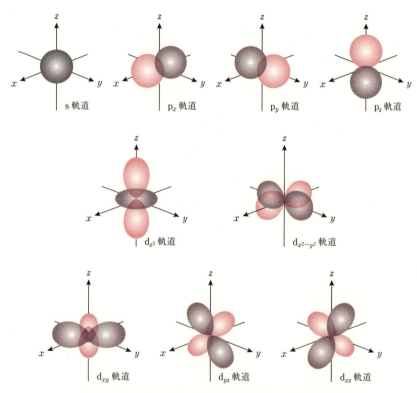

図12・9 原子軌道で電子の存在確率が高い箇所（原子軌道の形）

0，(12・18)式より $m=0$ でありシュレーディンガー方程式の解は(12・16)式より

$$\Psi(r, \theta, \phi) \propto \exp\left(-\frac{r}{r_B}\right) \tag{12・19}$$

となる．これは1s軌道に相当し，図12・9のs軌道の形をもつ．

一方 $n=3$ のとき，(12・17)式より $l=0, 1, 2$ となり，$l=0$ では3s軌道，$l=1$ では3p(より詳しくは $3p_x, 3p_y, 3p_z$)軌道，$l=2$ では3d(より詳しくは $3d_{z^2}, 3d_{x^2-y^2}, 3d_{xy}, 3d_{yz}, 3d_{xz}$)軌道となる．

水素型原子の電子のエネルギーは

$$E_n = -\frac{m_e e^4}{32\pi^2 \varepsilon_0 \hbar^2 n^2} \tag{12・20}$$

と表される．ここで m_e は電子の質量，e は電子の電荷，ε_0 は真空の誘電率，$\hbar = h/(2\pi)$ である．E_n は主量子数 n だけに依存している．電子はこの他に**スピン量子数** s という二つの状態(上向き，下向きと表される)の自由度をもつ．

12・3・4 多電子原子の電子配置

多電子原子は複数の原子軌道をもち，各原子軌道への電子の入り方を**電子配置**とよぶ．多電子原子の電子配置は，水素型原子の1電子軌道の重ね合わせとして表せる．原子内の2個以上の電子を考えるときには制約が増える．

● パウリの排他原理: まずは，"二つの電子は別の量子状態をもたなければならない"という**パウリの排他原理**である．加えて原子の電子配置の基底状態(エネルギーが最小の状態)を記述するには，電子同士の相互作用は小さいものとして，水素型原子の1電子軌道を基本としてエネルギー準位の低い順に電子を詰めていく．

水素型原子モデルの1電子軌道のエネルギーは主量子数だけに依存するが，多電子原子内の同じ主量子数の原子軌道では，軌道角運動量*(方位量子数 l)が小さい原子軌道のエネルギー準位が低いことがわかっている．方位量子数が小さい内側の電子軌道に電子が入ると外側の電子軌道の電子に対して有効にはたらく原子核の電荷は，本来の原子核の電荷よりも小さくなり，引力が弱くなる．これを**遮蔽**とよぶ．主量子数 n，方位量子数 l で指定される原子軌道の集まり1s, 2s, 2p, 3s, … を**軌道**(場合に応じて**小軌道**)とよぶ．同じ主量子数 n に対しては，遮蔽を考えると，平均半径が小さい ns 軌道のエネルギー準位は，np 軌道のエネルギー準位より

---

* 電子の軌道角運動量とは，原子核を原点としたときの電子の位置ベクトルと電子の運動量の外積によって定義される角運動量のことである．スピン量子数も角運動量の性質をもつので区別する意味で軌道角運動量とよんでいる．

も低い.
　主量子数が n である殻内の各電子軌道に入る電子の総数は

$$\sum_{l=0}^{n-1} \sum_{m=-l}^{l} 2 = 2n^2 \tag{12・21}$$

となる.
- **構 成 原 理**: 原子軌道に電子を詰めるときにエネルギーの低い原子軌道から順に詰めていく原理を**構成原理**とよぶ(図 12・10 に示す ⟶ の順に詰めていく). 構成原理の例外は Cu, Cr, ランタノイド, アクチノイドで, 一つの小軌道が埋め尽くされないうちに次の小軌道にも電子が入るという形で見られる. このようにして決まった原子の各小軌道に入る電子数を小軌道の右肩に書く. たとえば $_{14}$Si の基底状態では, $1s^2 2s^2 2p^2 3s^2 3p^2$ となる.

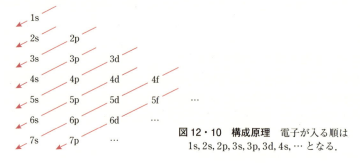

図 12・10　**構成原理**　電子が入る順は 1s, 2s, 2p, 3s, 3p, 3d, 4s, … となる.

- **フントの規則**: 同じエネルギー準位の小軌道内にある複数の電子軌道に電子がどの順番で入っていくかは**フントの規則**(経験則, 多電子原子の基底状態の電子配置のスピンに対して適用される)によって決まる. すなわち小軌道内の各磁気量子数 m にスピンの向きをそろえて入れていく. 例として炭素原子 $_6$C の 2p 軌道について説明する(図 12・11). 2p 軌道に入る二つの電子は "$m = -1$ に上向き, 下向き"

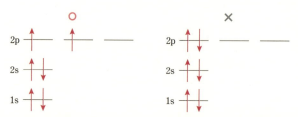

図 12・11　**フントの規則**　$_6$C の電子配置. 図中の ── は l と m で決まる量子状態で ── 一つには最大で上向きスピン, 下向きスピンの二つの状態をとることができる.

というように同じ m に入るのではなく，"$m=-1$ に上向き，$m=0$ に上向き"というように，別の m に同じ向きのスピンの電子配置になる．2pの $m=\pm1, 0$ の電子軌道の間に差はなく，スピンの上向きと下向きの間にも差はないので，$m=\pm1, 0$ の3個から2個を選ぶ組合わせと，スピンの上向き，下向きから1個を選ぶ組合わせを考慮すると，全6通りの電子配置が対等に基底状態（エネルギーが一番低い状態）を表す．このようなときは，6通りの電子配置（波動関数）を均等に足し合わせたものが基底状態の電子配置となる．

まとめ 12・3
- 水素型原子の1電子軌道は，シュレーディンガー方程式の解として表せる．
- 多電子原子の電子配置は，水素型原子の1電子軌道の重ね合わせとして表せる．

12・4 量子力学から分光学へ

光をはじめとした電磁波を測定する分光法は，生命科学の研究や医療診断に欠かせない．ここまで光子の吸収や放出が量子力学に基づくことを学んだ．また原子内の電子の量子状態は量子数で指定され，そのエネルギーはとびとびの値をもつことを学んだ．ある量子状態から別の量子状態へと変化することを**遷移**とよぶ．この遷移における光エネルギーの吸収や放出を利用した分光法が種々開発されている．

12・4・1 原子のスペクトル

基底状態にある原子内の電子に振動数 ν の光が照射されると，電子は基底状態より $h\nu$ だけ高いエネルギーをもつ励起状態に遷移する．理論的に可能な遷移を**許容遷移**とよぶ．ここで，全軌道方位量子数 L は，その電子配置の各電子が入っている原子軌道の磁気量子数の合計，全スピン角運動量 S は，その電子配置の各電子が入っている電子軌道のスピン（向きを $+1$ と -1 で表す）の合計とする．許容遷移のとき，電子の始状態を指定する量子数と終状態を指定する量子数の差に次のような関係がある．

$$\Delta L = 0\pm 1 \quad \Delta S = 0$$

この関係を**選択律**という．これは，電子と光の相互作用のうち主要な遷移確率が大きいことをさす．選択律に合わない遷移も起こることがあり，**禁制遷移**とよぶ．たとえば，電子スピンが軌道角運動量あるいは核スピンと相互作用することにより $\Delta S \neq 0$ のような遷移が起こることがある．禁制遷移の起こる確率は，許容遷移に比べて著しく低い．

これまで一つの原子の中での電子状態について述べたが，多原子からなる分子で

はどうなるだろうか．多原子分子内の電子も量子的な状態をもち，とびとびのエネルギーをもつ．原子内の基底状態では最外殻の小軌道の電子スピンがなるべく同じ向きになるような電子配置がとられたが，多原子分子においては，二つの原子のそれぞれの最外殻の小軌道にあるスピンが逆向きの電子が1組となって共有結合を形成する．よって，多原子分子の電子の基底状態は全スピンが0であるような一重項状態になることが多い（一重項状態については§12・4・2を参照）．多原子分子においても選択律が存在し，遷移確率が高い遷移と低い遷移が存在する．多原子分子での基底状態への遷移に伴う光の放射のうち全スピンが変化しないものを蛍光とよび，遷移確率が高い．

12・4・2 蛍光とりん光

発光には，熱放射によるものや光励起による**ルミネセンス**によるものなどがある．生命科学の研究で用いられるのはルミネセンスであり，光照射や化学反応によって**励起状態**となった分子が，**基底状態**に遷移するときに光を発する現象である．ルミネセンスは，**蛍光**と**りん光**に分けられる．蛍光は，寿命が短く比較的短い時間しか観察できないが，励起光を当ててから光が発せられるまでの時間は短く，光が強い．りん光は，寿命が長く比較的長い時間観察できるが，励起光を当ててから光が発せられるまでに時間がかかり，光が弱い．

図12・12は，ヤブロンスキー図という光励起後に起こるさまざまなエネルギー

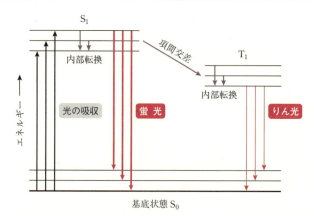

図12・12　励起光の吸収と蛍光・りん光　全スピンが変化する遷移のことを項間交差とよび，遷移確率が低く時間がかかる．一方，スピンが変化しない内部転換は時間がかからない遷移である．S_0＝一重項状態，S_1＝最低励起一重項状態，T_1＝励起三重項状態

緩和過程を図示したものである．電子はスピン量子数をもち，スピンの自由度は上向きと下向きの2通りをとる(§12・3・4)．二つの電子があるときに，上向きと下向きの組合わせをもつ2電子スピン状態を**一重項状態**とよび，上向き同士，または下向き同士の組合わせをもつ状態を三重項状態とよぶ．2電子スピン状態の基底状態は通常は一重項状態であり，光の吸収によるエネルギー変化のほとんどが，同じスピン状態間で起こる．

蛍光は，基底状態から励起され，一度中間励起状態へ遷移した後に光が発せられる．したがって，蛍光の光子のエネルギーは励起エネルギーよりも小さくなる（励起光よりも波長が長くなる）．

りん光は，基底状態から一重項状態に励起され，三重項の中間励起状態へ遷移し，その後の中間励起状態から基底状態への遷移の際に光が発せられる．$\Delta S \neq 0$の禁制遷移が2回起こるため，遷移の緩和時間が長く，りん光は蛍光に比べ強度が低い．

生体内で生じる現象を観測する際，比較的長い時間同じような状態にある現象を観測する場合にはりん光が適しており，逆に比較的短時間で状態が変化するようすを時系列として観測するような場合には蛍光が適している．第13章でふれるように，近年の生体現象の観測技術の発展に蛍光やりん光が果たした役割はとても大きい．

まとめ 12・4
- 原子による光の吸収や放出は，多電子原子内の電子が異なる準位間を遷移することによる．
- 生命科学の研究ではおもにルミネセンスという発光現象を利用し，ルミネセンスには蛍光とりん光がある．

演習問題

12・1 ミリカンの油滴実験で，4個の油滴の電荷が1.6, 4.8, 11.2, 20.8($\times 10^{-19}$ C)と測定されたとき，油滴の電荷が電気素量eの整数倍であると仮定すると，電気素量eは何Cか，推定せよ．

12・2 振動数5.0×10^{14} Hzの光の光子1個がもつ運動量は何kg·m/sか．

12・3 160 km/hで飛んでいる質量0.15 kgの野球のボールの物質波の波長は何mか．

13 生命科学と物理学

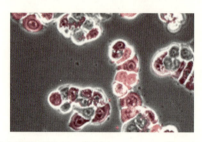

　本書で学んだ力学や電磁気学などの法則は,タンパク質などの生物を構成している分子のレベルでも成立するので,生命科学の研究には物理学の概念が欠かせない.また,生命科学の実験方法には,物理学の原理に基づいているものが多い.本章では,四つの生命科学の実験方法の例をあげ,物理学がどのように役立っているかを概観する.[写真:蛍光分子により,がん細胞を見えるようにする]

13・1　ゲル濾過クロマトグラフィーで分子を分ける

　生物の細胞は,いろいろな種類のタンパク質や他の分子から構成されている.たとえば,特定のタンパク質について研究するためには,まずそれを分離する必要がある.では,分子を分離するにはどうしたらよいだろうか.物体を大きさによって分けることは,ふるいなどを使って古くから行われていた.大きいビーズと小さいビーズは,目で見て手で分けることもできる(図 13・1a)が,数が多くなってくると手間がかかる.そこで,ふるいを使えば,小さいビーズは網目を通り,大きいビーズは網目を通らないので,たくさんのビーズを一度に簡単に分けられるように

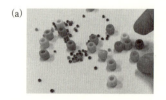

図 13・1　大きいビーズと小さいビーズを分ける　(a) 手で分ける,(b) ふるいで分ける.

13・1 ゲル沪過クロマトグラフィーで分子を分ける

なる(図13・1b).

　大きい分子と小さい分子を分ける際も,ビーズと同様に,一種のふるいを使って行うことができる.1959年にJ. Porath(1921～2016年)とP. Flodin(1924～2006年)は,**ゲル**とよばれる物質を利用して,タンパク質を大きさで分離する手法を発表した.これを**ゲル沪過クロマトグラフィー**とよぶ.

　ここでゲルについて説明しよう.多糖類のような大きな分子を**高分子**とよぶ.図13・2のように,高分子は分子間で結合して**架橋**する.これによって網目構造をもったものを**ゲル**とよぶ.ゲルの網目には小さい分子が入り込むことができる.

　ゲル沪過クロマトグラフィーは,たくさんの小さな孔(網目)をもったゲルを利用している.管(カラム)にゲル化した粒子を満たし,いろいろな大きさのタンパク質が溶解した水溶液を通すと,孔よりも小さい分子は粒子の隙間だけでなくゲルにも入り込むため,分布できる容積が大きく,カラムを通過するのに時間がかかる.これに対し,孔よりも大きい分子は粒子の隙間だけを通過するので,流動速度が速い(図13・3).図13・1の網のふるいでは小さいビーズが出てきたが,ゲル沪過クロマトグラフィーでは,大きい分子が先に出てくることに注目しよう.

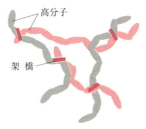

図13・2　高分子の架橋

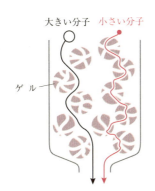

図13・3　ゲル沪過クロマトグラフィー　大きい分子が先に出てくる仕組み

　第2章で学んだように,重力を受けて落下する物体は空気中では抵抗を受け,抵抗がない場合に比べて落下が遅くなった.ゲル沪過クロマトグラフィーでは,ゲルに入り込む分子はゲルに入らない分子に比べて運動すべき距離が長くなっている.用いるゲルの孔の大きさにより,流動速度を調整できる.

13・2 質量分析

呼吸する，寝る，目覚める，走る，食べる．さまざまな生命活動を物質科学の立場から考えるうえで，タンパク質のはたらきを理解することは非常に重要になる．そのためにはタンパク質の構造を知る必要がある．タンパク質は一般には生体高分子とよばれ，アミノ酸が鎖状に多数つながった巨大な分子である（図 13・4）．

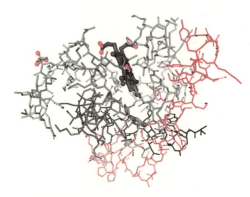

図 13・4　最初に立体構造が解明されたタンパク質　マッコウクジラ筋肉の酸素運搬タンパク質ミオグロビン［PDB 1VXA に基づく］

質量分析は，1980 年代までは適用できる範囲が低分子化合物に限られていた．1988〜1989 年に高分子化合物の質量分析法が大きく進展し，タンパク質の質量を短時間に高精度で分析する方法が開発され，医薬品開発や生命科学の発展に大きく貢献した．2002 年のノーベル化学賞 3 名のうち John B. Fenn と田中耕一は，この成果による受賞である．以下，田中の紹介文をノーベル財団ホームページから引用する．

> The Nobel Prize in Chemistry 2002 was awarded（中略）Koichi Tanaka "for their development of soft desorption ionisation methods for mass spectrometric analyses of biological macromolecules"
> （soft desorption: 温和な条件での脱離，macromolecules: 巨大分子，mass spectrometric analyses: 質量分析）
> ［https://www.nobelprize.org/prizes/chemistry/2002/summary/ より引用］

ここでは，田中の業績を中心に生命科学との関係を眺めてみる．

基本的な質量分析装置の概略は，図 13・5 に示すように，試料からイオンを生成

するイオン源，イオンを質量と電荷の違いで分離する分析器，分離されたイオンを検出する検出器の三つの部分から構成される．

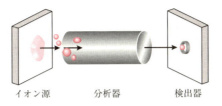

図 13・5　質量分析装置の概略

田中が開発したのは，イオン源でのイオン化法であり，ソフトレーザー脱離（soft laser desorption，SLD）法とよばれるものである．SLD 法の模式図を図 13・6 に示す．SLD 法の特徴は，試料を母体材料（マトリックスとよぶ）に混合し，マトリックスがレーザーのエネルギーを吸収することにある．レーザーを照射されたマトリックスは急速に加熱され，タンパク質のような生体高分子（すなわち重い分子）を壊すことなくイオン化する．当初，マトリックスとして金属コバルト微粒子とグリセリンの混合物が使われた．この組合わせが選ばれた逸話を紹介しよう．"もったいない"精神が大きな発見に導いたそうである．

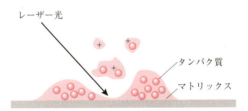

図 13・6　ソフトレーザー脱離法の模式図

> One day in February of 1985, instead of using Cobalt Ultra Fine Metal Powder (UFMP) as a matrix, I mistakenly used a glycerin-UFMP mixed matrix. I noticed this mistake immediately, but I thought, "Mottai-nai!" at the idea of throwing the mixture away.
> ［https://www.nobelprize.org/prizes/chemistry/2002/tanaka/facts/ より引用］

その後 SLD 法は改良が進められ，現在ではマトリックス支援レーザー脱離イオン化（matrix assisted laser desorption ionization，MALDI）法が一般的となり，広く使われている．

MALDI 法に TOFMS 法 (time of flight mass spectrometry, **飛行時間型質量分析法**) を組合わせた方法が MALDI-TOFMS 法である．この方法の物理的な原理を紹介しよう．模式図を図 13・7 に示す．イオン源と接地との間には電位差 V_0 がかかっている．イオン源を脱離したイオン (質量 m，電荷 q) は，この電位差により加速される．接地を通過するときの速さ v_0 は，力学的エネルギー保存則 (§3・2) から

$$qV_0 = \frac{1}{2}mv_0^2 \quad \text{すなわち} \quad v_0 = \sqrt{\frac{2qV_0}{m}}$$

となる．イオンは接地から検出器までは等速度運動をする．すなわち q/m の違いによって，イオン発生から検出器に到達するまでの時間が異なる．この到達時間の違いを利用して質量を測定することができる．これが"飛行時間型"の名前の由来である．

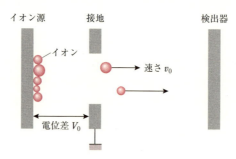

図 13・7　MALDI-TOFMS 装置の模式図

13・3　光ピンセットの原理と応用

　普段見かけるピンセットという道具は，人の手では扱いづらいような小さなものを摘まんで選り分けるなど，緻密な作業に用いられる．しかし生命科学の研究対象となるような，マイクロメートル〔μm〕程度の大きさの細胞やナノメートル〔nm〕のサイズのウイルスや生体高分子を，通常のピンセットで操作することは不可能である．

　この問題を解決したのが，ベル研究所の物理学者 A. Ashkin (1922 年〜) であった．彼は微粒子にレーザー光を照射して操作する研究を行い，1986 年に光ピンセットを発明し，タバコモザイクウイルスや大腸菌を操作してみせた (2018 年にノーベル物理学賞を受賞)．細胞だけでなく，数十 nm〜数十 μm 程度の大きさの誘電体物質であれば，光ピンセットを用いて捕捉し，自由に動かすことができる．

13・3・1 光ピンセットの原理

それではどのような原理によって,光ピンセットは微粒子を操作できるのだろうか.図13・8にその概要を示す.誘電体物質からつくられた微粒子を液体と一緒にスライドガラスにのせ,微粒子の大きさよりも十分に短い波長の一筋のレーザー光(平行な光線)を下方から平行に照射している.このとき,レーザー光は光線の中心の強度が一番強く,周辺にいくほど弱くなる.レーザー光は微粒子に入射して屈折するが,第12章で学んだように,光は運動量をもっている.よってそれを曲げる(屈折させる)には,何らかの力が必要である.

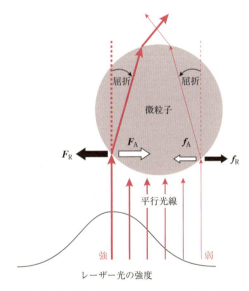

図 13・8 レーザー光を下方から平行に照射したときの屈折と微粒子に与える力

たとえば図において,強度の強いレーザー光を曲げる力を F_A,弱いレーザー光を曲げる力を f_A とする.これらの力は微粒子がレーザー光に及ぼす力であり,$|F_A|>|f_A|$ である.一方,作用・反作用の法則から,レーザー光も微粒子に力を与えていると考えられる.それらの力を F_R,f_R とすれば,それらは $F_R=-F_A$,$f_R=-f_A$ であるので,$|F_R|>|f_R|$ である.よって照射されたレーザー光が微粒子に与える力をすべて足し合わせると,図のようにレーザーの中心が微粒子の重心の位置より左にずれている場合,微粒子は水平左方向に力を受けることがわかる.その

結果,微粒子はレーザー光の強度の強い方向に動き,レーザー光の中心の位置に捕捉される.

一方,微粒子には重力と浮力が鉛直方向にはたらいている.そのような環境下で微粒子を捕捉したい場合は,微粒子の近くにレーザー光の焦点を結ぶようにレーザー光を照射するレンズを調整すればよい.そうすれば微粒子はレーザー光の強度が強い焦点の方向に力を受けるので,そこに向かって移動し捕捉される.ただし微粒子には重力と浮力が鉛直方向にはたらくだけなく,散乱光による力も加わるので,必ずしも微粒子は焦点の位置に捕捉されるとは限らない.

13・3・2　光ピンセットと生物物理学

生命システムを物理学や物理化学の知識を用いて研究する学問分野を**生物物理学**という.この分野に光ピンセットが導入されて以来,生体高分子や細胞にはたらくさまざまな力を観察・計測できるようになり,それまでは間接的にしか知りえなかったタンパク質の力学特性や微生物の運動を直接調べることができるようになった.

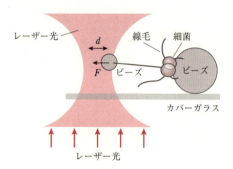

図 13・9 淋菌の線毛の縮退力を光ピンセットで測る

たとえば DNA の両端にビーズをつけて光ピンセットで引張ることで,数十 pN(ピコニュートン)程度の張力が DNA に生じることが測定されている.また大腸菌などの細菌は**べん毛**とよばれる器官をもっており,それを回転させることで流体中を移動できるが,その回転の力のモーメントも光ピンセットを用いて測定されている(数千 pN·nm).また淋菌や高度好熱菌など細菌は,複数の**線毛**とよばれる線維状の毛を体表面から伸縮させ,固体表面上を這って移動している.この線毛の縮退する力の大きさも光ピンセットで測定されており,100 pN を超える大きさの張力が測定されている(図 13・9).

13・4 蛍光によるバイオイメージング

バイオイメージングには蛍光やりん光が利用されており，特に蛍光がバイオイメージングに果たしている役割は大きい．ここではどのようなことに役立っているか，またその理由を見ていこう．

生物の細胞や細胞小器官，タンパク質などには無色のものが多い．バイオイメージングとは，そのようなものに色などをつけて可視化する方法である．色をつける方法には，可視光を吸収する物質を用いる**染色法**や，可視光を発する発光現象を利用する**発光法**がある．染色法では色素が固定され長い時間同じ状態を観察できるが，細胞が死んだり破壊されたりするような化学反応を伴う場合が多い．一方，発光法では，発光している間だけしか観察できないが，細胞を破壊することなく細胞内での物質の動きをリアルタイムで観察できる．

発光には蛍光とりん光がある(§12・4・2)．蛍光をバイオイメージングに用いることに関しては，**緑色蛍光タンパク質**(GFP)が歴史上大きな役割を果たした．下村脩(1928～2018年)は1962年にオワンクラゲの発光物質を発見し，その後GFPというタンパク質を分離し，発光機構を解明する基盤も提案した．多くの蛍光タンパク質の発光機構では，基質，補因子，酵素すべてがそろって初めて蛍光を発する．GFPの発光機構では，エクオリンというタンパク質が活性化すると化学発光により青白い光を出し，その光によりGFPが励起されて緑色の蛍光を発するのである．GFPは基質や補因子を必要とせず，発色団形成も酵素を必要とせず単独で自発的に進む．この特徴が応用において利点となった．

M. Chalfie(1947年～)は，GFP遺伝子を他の生物の標的遺伝子につなげて，その遺伝子が発現するときに一緒にGFP遺伝子も発現することを利用した技術を確立した．GFPが発現しているところに，励起光を当てれば蛍光が発せられるので，蛍光を観察することにより実験対象の遺伝子が発現する部位やタイミングを知ることができるようになった(図13・10)．また，R. Y. Tsien(1952～2016年)はGFPをもとにさまざまな色の蛍光タンパク質を開発した．"GFPの発見とその応用"がその後のバイオイメージングに大きく貢献したことにより，下村，Chalfie，Tsienは2008年にノーベル化学賞を受賞した．

今日では，タンパク質以外の蛍光性の低分子化合物がさまざま開発されて，バイオイメージングに応

図13・10 ある遺伝子にGFP遺伝子をつないだ線虫 神経など一部の特定の細胞で蛍光が観察される(実際には緑色に光って見えている)．

用されている.たとえば Ca^{2+} と結合する,あるいはある特定の酵素によって反応を受けるなどの特定の条件において蛍光性物質に変化するような化合物が生命科学での研究に利用されている.

蛍光タンパク質の別の用途の例として,光学的な分解能の限界を超える**超解像蛍光顕微鏡**がある.この顕微鏡の開発により 2014 年に E. Betzig (1960 年〜),S. W. Hell (1962 年〜),W. E. Moerner (1953 年〜) がノーベル化学賞を受賞した.従来の光の回折を利用した顕微鏡では分解能は 200 nm が限界だったが,この限界を超えた超解像度を実現したのである.

復習問題・演習問題の解答

第 1 章

復習 1・1　$0.30 \text{ m/s} \div 20 \text{ s} = 1.5 \times 10^{-2} \text{ m/s}^2$

1・1　平均の加速度 $\boldsymbol{a} = \{\boldsymbol{v}(t+\Delta t) - \boldsymbol{v}(t)\}/\Delta t$（1・12 式）において，分子は $\boldsymbol{v}(t+\Delta t) - \boldsymbol{v}(t) = (v_0, 0) - (0, v_0) = (v_0, -v_0)$ のため，加速度は $(v_0, -v_0)/\Delta t$ になる．

1・2　左のカブトムシに押される力のほか，重力，垂直抗力，摩擦力がはたらいている．

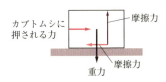

1・3　1）斜面に平行な成分: $mg \sin\theta$，垂直な成分: $mg \cos\theta$

2）斜面に垂直な方向には，抗力 N と，1）で求めた重力の分力がはたらいている．
$$N - mg \cos\theta = 0$$

3）静止摩擦力は抗力の μ 倍なので
$$mg \sin\theta - \mu N = 0$$

4）上の 2 式から N を消去すると，$mg \sin\theta = \mu mg \cos\theta$．これより
$$\mu = \frac{\sin\theta}{\cos\theta} = \tan\theta$$

1・4　$F = G\dfrac{Mm}{r^2}$（1・24 式），$G = 6.67 \times 10^{-11}$ N·m²/kg² より

$$\begin{aligned}
F &= G\frac{Mm}{r^2} \\
&= 6.67 \times 10^{-11} \times \frac{5.98 \times 10^{24} \times 1}{(6.38 \times 10^6)^2} \\
&= \left(6.67 \times \frac{5.98}{6.38^2}\right) \times \left(10^{-11} \times \frac{10^{24}}{(10^6)^2}\right) \\
&= 0.979 \times 10^{-11+24-12} = 9.8 \text{ N}
\end{aligned}$$

となる．これは $W = mg$（1・23 式）を使って求めた力とほぼ等しい（実際には地球の自転による遠心力で少しずれる）．

第 2 章

復習 2・1　1）(2・1) 式より
$$\begin{aligned}
\boldsymbol{v}_0 &= (v_0 \cos\theta, v_0 \sin\theta) \\
&= (20 \cos 30°, 20 \sin 30°) \\
&= (17.3, 10) \text{ m/s}
\end{aligned}$$
よって水平方向の成分は 17 m/s，鉛直方向の成分は 10 m/s.

2）速度の水平方向の成分はずっと一定で，17 m/s.
鉛直方向の成分は，(2・8) 式より
$$\begin{aligned}
v_y &= -gt + v_0 \sin\theta \\
&= -9.8 \times 0.40 + 20 \times 0.50 \\
&= -3.9 + 10.0 = 6.1 \text{ m/s}
\end{aligned}$$
よって 0.40 秒後の速度は，水平方向に 17 m/s，鉛直上向きに 6.1 m/s.

3）水平方向には，(2・6) 式より
$$x = v_x t = v_0 t \cos\theta = 17.3 \times 0.4 = 6.9 \text{ m}$$
鉛直方向には，(2・10) 式より
$$\begin{aligned}
y &= -\frac{1}{2}gt^2 + v_0 t \sin\theta \\
&= -\frac{9.8 \times 0.4 \times 0.4}{2} + 20 \times 0.40 \times 0.50 \\
&= -0.78 + 4.0 = 3.2 \text{ m}
\end{aligned}$$
よって水平方向に 6.9 m，鉛直方向に 3.2 m.

復習 2・2　(2・19) 式より水銀柱の ρh は
$$\begin{aligned}
\rho h &= 13.6 \text{ g/cm}^3 \times 76.0 \text{ cm} \\
&= 1033.6 \text{ g/cm}^2 = 1.03 \text{ kg/cm}^2
\end{aligned}$$
よって 1 cm² の面積に 1.03 kg の物体がのっていることに相当する．半径 8.0 cm の円の面積は $\pi r^2 = 3.14 \times 8.0^2 = 2.01 \times 10^2$ cm². したがって，頭の上には $1.03 \times 2.01 \times 10^2 = 2.1 \times 10^2$ kg，つまり 200 kg 以上の物体がのっていることに相当する．

2・1 1) $y_A = h - \frac{1}{2}gt^2$

2) $x_B = v_0 t \cos\theta$, $y_B = -\frac{1}{2}gt^2 + v_0 t \sin\theta$

3) ぶつかるためには，同じ時刻に物体AとBが同じ位置にいる必要がある．

$$v_0 t \cos\theta = L \qquad (a)$$

$$-\frac{1}{2}gt^2 + v_0 t \sin\theta = h - \frac{1}{2}gt^2 \qquad (b)$$

(b)式より $v_0 t \sin\theta = h$．(a)式と合わせて $\tan\theta = h/L$．つまり $t=0$ で物体Aの方向に投げればよい．

4) 物体Aが地面に達するまでにぶつかるためには，初速度が十分大きい必要がある．(a)式よりぶつかるときに $t = L/(v_0 \cos\theta)$．ぶつかるときの y 座標が正であることから

$$h > \frac{1}{2}gt^2 = \frac{g}{2}\left(\frac{L}{v_0 \cos\theta}\right)^2 \text{ より}$$

$$\frac{2hv_0^2}{gL^2} > \frac{1}{\cos^2\theta} = 1 + \tan^2\theta = 1 + \left(\frac{h}{L}\right)^2$$

$$v_0^2 > \frac{gL^2}{2h}\left\{1 + \left(\frac{h}{L}\right)^2\right\} = \frac{g}{2h}(L^2 + h^2) \text{ より}$$

$$v_0^2 > \frac{g}{2h}(L^2 + h^2)$$

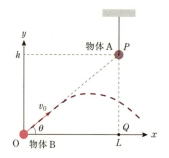

2・2 (2・20)式より

$p = \rho h g = 1.0 \text{ g/cm}^3 \times 1.0 \text{ m} \times 9.8 \text{ m/s}^2$

$= 1.0 \text{ kg/m}^3 \times \frac{10^{-3}}{(10^{-2})^3} \times 1.0 \text{ m} \times 9.8 \text{ m/s}^2$

$= 9.8 \times 10^3 \text{ N/m}^2$

となる．大気圧は $1.013 \times 10^5 \text{ N/m}^2$ より，増加分は $9.8 \times 10^3 / (1.013 \times 10^5) = 9.8/101.3 = 0.0967 = 9.7 \%$．

2・3 1) 重力は $\rho_1 V g$．浮力は水面より上が $\rho_0 Vxg$，水面より下が $\rho_2 V(1-x)g$ のため，合計は $\rho_0 Vxg + \rho_2 V(1-x)g$．

2) 重力と浮力のつり合いより

$$\rho_0 Vxg + \rho_2 V(1-x)g = \rho_1 g V$$

これより $\rho_0 x + \rho_2(1-x) = \rho_1$ が得られる．$\rho_2 - (\rho_2 - \rho_0)x = \rho_1$ より

$$x = \frac{\rho_2 - \rho_1}{\rho_2 - \rho_0}$$

3) ρ_0 が小さければ

$$x = \frac{\rho_2 - \rho_1}{\rho_2 - \rho_0} = \frac{\rho_2 - \rho_1}{\rho_2} = \frac{0.0848}{0.9998} = 0.084$$

8.4 % 程度が水面より上にある．

第 3 章

復習 3・1 $K = \frac{1}{2}mv^2 = 5.0 \times \frac{2.0^2}{2} = 10 \text{ J}$

復習 3・2 1) 解答例：質量が等しく，速度が逆方向で速さが等しい

2) 解答例：質量はAがBの2倍，速度の方向は同じで速さはBがAの2倍

復習 3・3 内積 $\boldsymbol{a} \cdot \boldsymbol{b} = 1 \cdot 4 + 2 \cdot 5 + 3 \cdot 6 = 4 + 10 + 18 = 32$

外積 $\boldsymbol{a} \times \boldsymbol{b} = (2 \cdot 6 - 3 \cdot 5, \ 3 \cdot 4 - 1 \cdot 6, \ 1 \cdot 5 - 2 \cdot 4) = (12-15, \ 12-6, \ 5-8) = (-3, \ 6, \ -3)$

3・1 床に衝突する直前と直後のボールの速さを v_1, v_2 とすると，力学的エネルギー保存則より，$\frac{1}{2}mv_1^2 = mgh_1$，$\frac{1}{2}mv_2^2 = mgh_2$．反発係数は，$e = v_2/v_1 = \sqrt{h_2/h_1}$．

3・2 1) 重力，垂直抗力，摩擦力

2) 重力と垂直抗力は運動の方向に垂直であるため，仕事は 0．摩擦力と物体の変位の方向は逆方向なので，物体にする仕事は $-\mu' Nd$．垂直方向の力のつり合いから $N = mg$．よって仕事は $-\mu' mgd$．

3) 運動エネルギー変化はされた仕事に等しい．点Bで速度0なので，運動エネルギー変化 $= 0 - \frac{1}{2}mv_0^2 =$ された仕事 $= -\mu' mgd$．

解　　答

よって，$\frac{1}{2}mv_0^2 = \mu'mgd$.

4) 重力による位置エネルギーはA点とB点で等しい．運動エネルギーは，A点で$\frac{1}{2}mv_0^2$, B点で0. 力学的エネルギーは，A点の方がB点よりも，$\frac{1}{2}mv_0^2$だけ大きい．失われた力学的エネルギーは，摩擦による熱に変わっているためである．

3・3 角運動量$L=mrv$より，$0.107 \times 1.52 \times 0.809 = 0.132$倍．

第4章

復習4・1　(a) $18°$　(b) $30°$　(c) $300°$

復習4・2　(4・2)式より，周期$T = 2\pi/\omega = 2\pi \div (\pi/2) = 4$ s.

復習4・3　ひもから質点にはたらく張力が向心力となって等速円運動している．向心力の大きさfは(1・10), (4・2), (4・8)式より，質量m, 周期T, 半径rとして
$$f = mr\left(\frac{2\pi}{T}\right)^2$$
である．よって求めたい力の大きさは，単位をSI単位系に統一して
$$f = 10.0 \times 10^{-3} \times 50.0 \times 10^{-2} \times \left(\frac{2 \times 3.14}{5.00}\right)^2$$
$$= 0.789 \times 10^{-2} \text{ N}$$

復習4・4　慣性力の大きさは$2.4 \times 0.50 = 1.2$ N. 慣性力の向きは観測者の加速度と逆向きなので，西向きである．よって，慣性力は西向きに1.2 Nである．

復習4・5

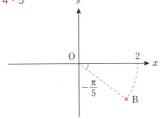

復習4・6　(4・28)式より周期が2倍になったことから，ばね定数は$\frac{1}{4}$倍になったこ

とがわかる．したがって，求めるばね定数は$0.400 \times \frac{1}{4} = 0.100$ N/m．

4・1　荷物の質量をm, エレベーターの加速度の大きさをaとすると，Bさんから見て荷物には鉛直下向きに重力mg, 鉛直上向きにはかりからの張力Tと慣性力maがはたらいてつり合い，$mg = T + ma$. ばねばかり式のはかりの示す測定値は，張力を重力加速度の大きさで割った値であるから
$$\frac{T}{g} = m\left(1 - \frac{a}{g}\right) = 1.80 \times \left(1 - \frac{0.200}{9.81}\right)$$
$$= 1.80 \times 0.980 = 1.76 \text{ kg}$$
となる．一方天秤ばかり式のはかりでは，分銅にも慣性力がかかるため，この荷物とつり合うのは1.80 kgの分銅である．よって，測定値は1.80 kg.

4・2　ハムスターが感じる力は，重力と等速円運動による遠心力である．それぞれの大きさは
重　力：$50.0 \times 10^{-3} \times 9.81 = 0.4905$ N
遠心力：$50.0 \times 10^{-3} \times 10.0 \times 10^{-2}$
$$\times \left(\frac{2 \times 3.14}{2.50}\right)^2 = 0.0316 \text{ N}$$
したがって
最高点：$0.4905 - 0.0316 = 0.459$ N
最低点：$0.4905 + 0.0316 = 0.522$ N

4・3　1) (4・2)式より
$$T = \frac{2\pi}{\omega} = \frac{2\pi}{2.5\pi} = 0.80 \text{ s}$$

2) (4・3)式より
$$v = r\omega = 5.0 \times 2.5\pi = 13\pi \text{ m/s}$$

4・4　(4・3)式より$6.4/1.6 = 4.0$ rad/s.

4・5　1) 質点は，ばねからの張力が向心力となって等速円運動する．等速円運動の半径は$L+x$であることに注意すると，$m(L+x)\omega^2 = kx$であることがわかる．したがって
$$x = \frac{mL\omega^2}{k - m\omega^2}$$

2) $\omega^2 = k/m$ のとき分母が 0 となり x が無限大に発散してしまう．したがって，$\sqrt{k/m}$ 未満まで大きくできる．

4・6 解答例：赤道上にいる体重 $100\,\mathrm{kg}$ の人にはたらく遠心力の大きさを考える．赤道上における地球の半径を $6400\,\mathrm{km}$ とすると，遠心力の大きさは

$$100 \times 6400 \times 10^3 \times \left(\frac{2 \times 3.14}{24 \times 60 \times 60}\right)^2 = 3.4\,\mathrm{N}$$

一方で，重力の大きさは重力加速度を $9.8\,\mathrm{m/s^2}$ として $100 \times 9.8 = 9800\,\mathrm{N}$ であるから，遠心力の大きさは重力に対して $3.4/9800 = 3.5 \times 10^{-4}$ となり，$0.04\,\%$ 程度と見積もられる．よって，自転によって振り回されるような遠心力を感じる機会はない．

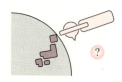

第 5 章

復習5・1

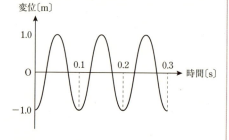

復習5・2 振動数 f とは，単位時間に f 回振動することを意味する．したがって，$1/f$ の時間に 1 回振動し，これは周期に等しい．よって $1/f = T$．

復習5・3 図(a)のような直線状の波源の点波源から発生する素元波(球面波)を考える．この素元波の包絡面が円筒状(図b)になることから，この波源から円筒波が発生する．

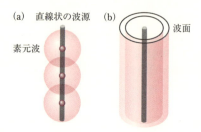

(a) 直線状の波源 (b)
素元波 波面

復習5・4 重ね合わせの原理から，合成波の変位 y は二つの波の変位の和に等しい．
$$y = y_A + y_B$$
$$= A\sin(\omega t - kx) + A\sin\left(\omega t - kx + \frac{\pi}{2}\right)$$
$$= 2A\sin\left(\omega t - kx + \frac{\pi}{4}\right)\cos\left(\frac{\pi}{4}\right)$$
$$= \sqrt{2}\,A\sin\left(\omega t - kx + \frac{\pi}{4}\right)$$

したがって，振幅は $\sqrt{2}\,A$．

復習5・5 伝播する軸の変数を x，時刻を t，振幅を A，波数を k，角振動数を ω，原点での初期位相をそれぞれ α，β とすると，合成波の変位は
$$A\sin(\omega t - kx + \alpha) + A\sin(\omega t + kx + \beta)$$
$$= 2A\sin\left(\omega t + \frac{\alpha + \beta}{2}\right)\cos\left(kx + \frac{\beta - \alpha}{2}\right)$$

腹では $\cos$ が 1 に等しい．よって腹での角振動数はもとの正弦波と等しく $5.0\,\mathrm{rad/s}$．

復習5・6

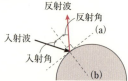

反射波 反射角 (a)
入射波
入射角 (b)

はじめに入射波が界面に入射する点での接

平面(図a)を考え，接平面に対する法線(図b)を作図する．この法線と入射波がなす角が入射角となる．反射の法則から反射角は入射角に等しい．よって，図のように反射波が伝播する．

復習 5・7 屈折の法則(5・9式)より

$$\frac{\sin \pi/4}{\sin \pi/3} = \frac{n}{1.23}$$

$$n = 1.23 \times \frac{\sqrt{2}/2}{\sqrt{3}/2} = 1.23 \times \frac{\sqrt{6}}{3}$$

$$= 1.23 \times \frac{2.45}{3} = 1.00$$

5・1 1) 振幅A，波長λ，周期T，原点における初期位相をδとすると，正弦波の変位は(5・4)式より下式となる．この式と問題文の式を比較すればよい．

$$y = A \sin\left(2\pi \frac{t}{T} - 2\pi \frac{x}{\lambda} + \delta\right)$$
$$= A \cos\left(2\pi \frac{t}{T} - 2\pi \frac{x}{\lambda} + \delta - \frac{\pi}{2}\right)$$

① 振幅 2.4 m，波長 $1/\lambda=0.5$　$\lambda=2$ m，周期 $1/T=1.6$　$T=0.63$ s
② 振幅 0.5 m，波長 $1/\lambda=3.6/2$　$\lambda=0.56$ m，周期 $1/T=0.2/2$　$T=10$ s
③ 振幅 1.5 m，波長 $1/\lambda=2.4/2$　$\lambda=0.83$ m，周期 $1/T=3.2/2$　$T=0.63$ s

2) ②に $t=0, 5$ を代入すると
$$y(t=0) = 0.5 \sin \pi(3.6x + 1.0)$$
$$y(t=5) = 0.5 \sin \pi(3.6x + 2.0)$$

よって，以下のグラフになる．

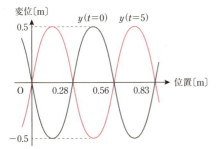

3) 図で $t=0$ s で原点にある波は，$t=5$ s では $x=0.28$ m．よって，0.28 m.

4) (5・5)式を用いて，$t=0$ のとき $x=0$ にいた波が $t=T$ (T: 周期) のとき $x=x_0$ に進んだとする．このとき位相は同じであるから，$0 = \omega T - kx_0$, $x_0 = \omega T/k$. よって波が進む速さ v は，$v = x_0/T = \omega/k$. (5・4)式を用いると同様にして，$v = \lambda/T$.

5・2 図のように，はじめは波源の形状を反映した凹凸のある波面を形成するが，だんだんと凹凸がならされていき，丸い波面に近づく．

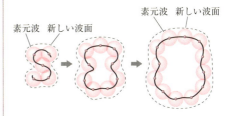

素元波　新しい波面

5・3 1) 波源A, Bの初期位相をδとする．波源Aからx軸の正の向きに伝播する波は波源からの距離$x-x_A$だけ位相が遅れる．よってこの波の変位 y_{A+} は

$$y_{A+} = C \sin[\omega t - k(x - x_A) + \delta]$$

同様に波源Aから負の向きに伝播する波の変位 y_{A-}，波源Bから正，負の向きに伝播する波の変位 y_{B+}, y_{B-} は

$$y_{A-} = C \sin[\omega t + k(x - x_A) + \delta]$$
$$y_{B+} = C \sin[\omega t - k(x - x_B) + \delta]$$
$$y_{B-} = C \sin[\omega t + k(x - x_B) + \delta]$$

二つの波源の外側ではそれぞれ $y_{A-} + y_{B-}$ と $y_{A+} + y_{B+}$ が観測される．

$$y_{A-} + y_{B-} = C \sin[\omega t + k(x - x_A) + \delta]$$
$$+ C \sin[\omega t + k(x - x_B) + \delta]$$
$$= 2C \sin\left[\omega t + kx - \frac{k(x_A + x_B)}{2} + \delta\right]$$
$$\times \cos\left[\frac{k(x_A - x_B)}{2}\right]$$

$$y_{A+} + y_{B+} = C\sin[\omega t - k(x-x_A) + \delta]$$
$$+ C\sin[\omega t - k(x-x_B) + \delta]$$
$$= 2C\sin\left[\omega t - kx + \frac{k(x_A+x_B)}{2} + \delta\right]$$
$$\times \cos\left[\frac{k(x_A-x_B)}{2}\right]$$

二つの波源の外側で波が立たないためには $\cos[k(x_A-x_B)/2]=0$ になればよい(m は任意の整数).

$$\frac{k(x_A-x_B)}{2} = \frac{\pi}{2} + m\pi$$
$$k(x_A-x_B) = (2m+1)\pi$$

2) 波源 A の初期位相を δ とすると,波源 B の初期位相は $\delta+\pi$. 1) と同様に考えて,$k(x_A-x_B)=2m\pi$ (m は 0 ではない任意の整数).

5・4 1) 図のように,入射波が最初に媒質 2 の界面に当たる点を O,屈折して次に界面に当たる点を A_1,以下順に A_1 からの反射波が次に界面に当たる点を A_2 とする.

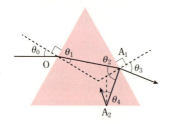

O での入射角を θ_0,屈折角を θ_1,A_1 での入射角を θ_2,屈折角を θ_3,A_2 での入射角を θ_4 とする.点 O で屈折の法則(5・9式)を用いて,$\sin\theta_0/\sin\theta_1 = m/n$,すなわち

$$\sin\theta_1 = \frac{n}{m}\sin\theta_0 = \frac{n}{2m} \quad (1)$$

が成り立つ.また $\theta_1+\theta_2=\theta_2+\theta_4=\pi/3$ より $\theta_1=\theta_4$ となる.したがって(1)式を満たす入射角 θ_1 と $(\pi/3)-\theta_1$ の反射を交互に繰返し.

2) 点 A_1 での屈折の法則から,$\sin\theta_2/\sin\theta_3 =$ n/m,すなわち

$$\sin\theta_2 = \frac{n}{m}\sin\theta_3 = \frac{\sqrt{3}\,n}{2m} \quad (2)$$

(1), (2)式,$\theta_1+\theta_2=\pi/3$ から

$$m = \sqrt{\frac{4+\sqrt{3}}{3}}\,n$$

5・5 屈折の法則から

$$\frac{\sin\theta}{\sin\frac{\pi}{2}} = \frac{1.0}{1.2}, \quad \sin\theta = 0.833$$

与えられた数表から,角度を線形補間(1 次関数を仮定して途中の値を推定する方法)して

$$\frac{1.016-0.927}{0.85-0.80} \times (0.833-0.80) + 0.927$$
$$= 0.986 \text{ rad}$$

この設問の場合,波は下側の媒質に侵入できないことを表す.すなわち,入射波はすべて反射する.これを**全反射**とよぶ.全反射を起こすのは,屈折率大→小への界面であり,逆では起こらない.透明なガラスのコップに水を入れ上から覗くと,側面では全反射が起こり側面から横の風景は見えない.側面に手をかざしてみるとよくわかる.

第 6 章

復習6・1 音は空気中(気体)や水中(液体)でも伝播することから,縦波である.

復習6・2 二つの偏光の変位は

$$x = A\sin(\omega t - kz + \delta) \quad (1)$$
$$y = B\sin(\omega t - kz + \delta + \pi)$$
$$= -B\sin(\omega t - kz + \delta) \quad (2)$$

δ は x 軸方向に振動する偏光の初期位相,ω は角振動数,k は波数である.(1), (2)式から,$y/x = -B/A$ となるため,$x\neq 0$ である時刻,位置での二つの偏光の変位の比は常に一定である.すなわち合成光の振動方向は一定で,直線偏光である.振動方

向は x 軸から $\tan\theta = -B/A$ を満たす角 θ だけ傾いている.

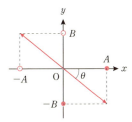

復習6・3 (5・9)式, (6・4)式よりそれぞれ

$$\frac{\sin\theta_i}{\sin\theta_r} = \frac{1.500}{1} \quad (1)$$

$$2nd\cos\theta_r = \left(m+\frac{1}{2}\right)\lambda$$

であるから, 各値を代入して

$$\cos\theta_r = \left(m+\frac{1}{2}\right) \times \frac{600}{2\times 1.500 \times 1000}$$

$$= \left(m+\frac{1}{2}\right) \times \frac{1}{5.00} \quad (2)$$

となる. (1), (2)式より

$$(\sin\theta_i)^2 = 2.250 - \left(m+\frac{1}{2}\right)^2 \times \frac{2.250}{25.00}$$

左辺は 0 から 1 の間の値をとることから, これを満たす非負の整数 m は $m=4$. したがって, 求める条件は $(\sin\theta_i)^2 = 0.428$.

6・1 1) D を引き出すことで伸びた経路は $2d$. これが半波長に等しいことから, 波長は $2d\times 2 = 0.80$ m.

2) 次に音が小さくなるのは, 経路の差が $\frac{3}{2}$ 波長分になったときである. したがって

$$2d = \frac{3}{2}\times 0.80, \quad d = \frac{3}{4}\times 0.80 = 0.60\text{ m}$$

6・2 点 O から髪の毛の向きへ距離 x 離れた位置 X での光の干渉を考える. 位置 X での隙間の高さ d は $d=Dx/L$. 位置 X で, 上のガラスの下面と下のガラスの上面で反射する光の光路差は $2d$, 下のガラスでの反射のみ固定端反射なので位相が逆転する.

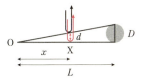

したがって, 二つの光の位相差 Δ は, $\Delta = 2\pi(2d/\lambda)+\pi$. したがって明線になる位置は, 自然数 m を使って $\Delta = 2m\pi$,

$$x = \frac{L}{D}d = \frac{L}{2D}\left(m-\frac{1}{2}\right)\lambda$$

$$= \frac{2.00\times 10^{-1}}{2\times 0.100\times 10^{-3}}\times 5.50\times 10^2 \times 10^{-9}$$

$$\times \left(m-\frac{1}{2}\right)$$

$$= 0.550\times\left(m-\frac{1}{2}\right) \text{ [mm]}$$

一方, 暗線になる位置は同様に非負の整数 n を使って $x=(mL/2D)\lambda = 0.550n$ [mm] となるから, ガラス板を上から見ると下図のようになる.

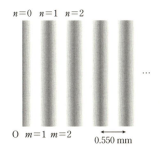

第 7 章

復習7・1 例題 7・2 より

$$J = \frac{mgh}{m_w C_w \Delta T} = \frac{1\times 9.8 \times 4.3}{100\times 1.0\times 0.10}$$

$$= 4.2 \text{ J/cal}$$

7・1 $320-273 = 47$ ℃
$273+25 = 298$ K

7・2 求める熱容量を x [J/K] とすると

x 〔J/K〕×(30−20) K = 600 J
よって，60 J/K.

7・3 求める比熱を x 〔J/(K·g)〕とすると，x〔J/(K·g)〕×50.0 g×(50.0−25.0) K=544 J. よって，$4.35×10^{-1}$〔J/(K·g)〕.

7・4 同じ質量 m〔g〕の鍋に同じ熱量 Q〔J〕加えたときに，上昇する温度はそれぞれ $Q/(0.379m) > Q/(0.880m)$. つまり比熱が低い方が温まりやすい. よって答えは銅.

7・5 金属の比熱を x〔J/(K·g)〕として，容器と水が得た熱量を左辺に，金属が与えた熱量を右辺に書くと，{95.0 J/K+4.22 J/(K·g)×100 g}×(31.0−25.0) K=50 g× x〔J/(K·g)〕×(80.0−31.0) K. よって，1.3 J/(K·g).

7・6 1000〔m〕×$1.15×10^{-5}$〔1/K〕×(50−20)〔K〕= $3.45×10^{-1}$ m

7・7 335 J/g×40.0 g = $1.34×10^4$ J

7・8 2.26 kJ/g×130 g = 294 kJ

7・9 (7・2)式より線膨張率を α とすると，物質の長さの変化と上昇温度は比例関係にあり，温度を上げると α が大きいAの方が長く伸びる. よって温度を上げるとBの方向，下げるとAの方向に曲がる.

第 8 章

8・1 理想気体は理想気体の状態方程式に従う. 温度 T〔K〕=t〔℃〕の理想気体が従う状態方程式は，$pV=nRT$ (8・5式)であり，同じ理想気体の体積を V に保って温度 T_0〔K〕= 0 ℃ にしたときには，$p_0V=nRT_0$ に従う. 両辺を引き算すると
$$(p-p_0)V = nR(T-T_0) = nRt$$
となり $p-p_0$ が t に比例することがわかる.

8・2 1 mol，300 K の理想気体であるので体積 $V_i = RT/p = (8.31×300)/10^5 = 2.49×10^{-2}$ m³ となる. 定圧変化であるので熱力学第一法則 $\Delta U = Q-W = Q - p\Delta V$ (8・24式)が成り立つ. また単原子理想気体であるので $\Delta U = \frac{3}{2}R\Delta T$ (8・19式)が成り立ち，理想気体の状態方程式 $pV=RT$ も成り立つ. 定圧変化では $p\Delta V = R\Delta T$ となるので，これを熱力学第一法則に代入して
$$\frac{3}{2}p\Delta V = Q - p\Delta V$$
$$\Delta V = \frac{2Q}{5p} = \frac{2×2.00×10^6}{5×10^5} = 8.00 \text{ m}^3$$
$\Delta V \gg V_i$ なので，$V_f \approx \Delta V$.

8・3 等温変化であるので熱力学第一法則は，(8・27)式より $\Delta U = Q-W = 0$. 理想気体の等温変化であるので途中の状態は $pV=RT$ に従う.
$$W = \int_{V_i}^{V_f} p\,dV = \int_{V_i}^{V_f} \frac{RT}{V} = RT \ln \frac{V_f}{V_i}$$
$$= RT \ln 10$$
$$= 1 \text{ mol} × 8.31 \text{ J/(mol·K)} × 300 \text{ K} × 2.30$$
$$= 5.73×10^3 \text{ J}$$

8・4 (8・46)式より $Q_L/Q_H = T_L/T_H$ を変形して
$$Q_L = Q_H \frac{T_L}{T_H}$$
$$= 3500 \text{ kJ/h} × \frac{273.15 \text{ K}}{(200+273.15) \text{ K}}$$
$$= 2021 \text{ kJ/h}$$

第 9 章

9・1 図で点Aと点Bを通る直線を x 軸，x 軸に垂直な向きをもつ紙面内の直線を y 軸，右手系になるように z 軸を紙面に垂直に定義する. (9・4)式より点Aの電荷が点Cにつくる電場は
$$\boldsymbol{E}_{AC} = \left(\frac{1}{4\pi\varepsilon_0}\frac{q}{1^2}\cos 60°, \right.$$
$$\left. \frac{1}{4\pi\varepsilon_0}\frac{q}{1^2}\sin 60°, \ 0\right)$$
点Bの電荷が点Cにつくる電場は
$$\boldsymbol{E}_{BC} = \left(\frac{1}{4\pi\varepsilon_0}\frac{-2q}{(\sqrt{3})^2}\cos 150°, \right.$$
$$\left. \frac{1}{4\pi\varepsilon_0}\frac{-2q}{(\sqrt{3})^2}\sin 150°, \ 0\right)$$

これより，電場の重ね合わせの原理(9・5式)より，点Cにおける電場 E_C と強さ E_C は

$$E_C = E_{AC} + E_{BC} = \left(\frac{q}{4\pi\varepsilon_0}\left(\frac{1}{2}+\frac{\sqrt{3}}{3}\right),\right.$$
$$\left.\frac{q}{4\pi\varepsilon_0}\left(\frac{\sqrt{3}}{2}-\frac{1}{3}\right),\ 0\right)$$

$$E_C = |E_C|$$
$$= \frac{q}{4\pi\varepsilon_0}\sqrt{\left(\frac{1}{2}+\frac{\sqrt{3}}{3}\right)^2+\left(\frac{\sqrt{3}}{2}-\frac{1}{3}\right)^2}$$
$$= \frac{\sqrt{13+3\sqrt{3}}\,q}{12\pi\varepsilon_0}\ [\text{N/C}]$$

9・2 1) 球の体積は $\frac{4}{3}\pi a^3$ [m^3] であるので，球内の全電荷は $Q = \frac{4}{3}\pi a^3 \times \rho = \frac{4}{3}\pi\rho a^3$.

2) $0 < r \leq a$ のとき：電気力線の定義より，球の内側に向かって生じる電気力線は存在しない．よって半径 r より内側の電荷から外向きに生じる電気力線のみを考慮すればよい．よってガウスの法則(9・6式)より

$$N = \frac{Q}{\varepsilon_0} = \frac{\frac{4}{3}\pi\rho r^3}{\varepsilon_0} = \frac{4\pi\rho r^3}{3\varepsilon_0}\text{本}$$

$r > a$ のとき：ガウスの法則より

$$N = \frac{\frac{4}{3}\pi\rho a^3}{\varepsilon_0} = \frac{4\pi\rho a^3}{3\varepsilon_0}\text{本}$$

3) 半径 r の球面上の電気力線の密度は電場の大きさ $E(r)$ に等しい．よって
$0 < r \leq a$ のとき：

$$E(r) = N \div 4\pi r^2 = \frac{4\pi\rho r^3}{3\varepsilon_0} \div 4\pi r^2$$
$$= \frac{\rho r}{3\varepsilon_0}\ [\text{N/C}]$$

$r > a$ のとき：

$$E(r) = N \div 4\pi r^2 = \frac{4\pi\rho a^3}{3\varepsilon_0} \div 4\pi r^2$$
$$= \frac{\rho a^3}{3\varepsilon_0 r^2}\ [\text{N/C}]$$

4) (9・11)式に従って電荷を無限遠($r=\infty$)から r まで移動させたとすると
$r > a$ のとき：

$$V(r) = -\int_\infty^r \boldsymbol{E(s)}\cdot d\boldsymbol{s} = -\int_\infty^r E(r)\,dr$$
$$= -\int_\infty^r \frac{\rho a^3}{3\varepsilon_0 r^2}\,dr = -\left[-\frac{\rho a^3}{3\varepsilon_0 r}\right]_\infty^r$$
$$= \frac{\rho a^3}{3\varepsilon_0 r}\ [\text{J/C}]$$

上式のように電位 $V(r)$ を計算できる．また $0 < r \leq a$ のとき：

$$V(r) = -\int_\infty^r E(r)\,dr$$
$$= -\int_\infty^a E(r)\,dr - \int_a^r E(r)\,dr$$
$$= -\int_\infty^a \frac{\rho a^3}{3\varepsilon_0 r^2}\,dr - \int_a^r \frac{\rho r}{3\varepsilon_0}\,dr$$
$$= \frac{\rho a^2}{3\varepsilon_0} - \left[\frac{\rho r^2}{6\varepsilon_0}\right]_a^r = \frac{\rho a^2}{2\varepsilon_0} - \frac{\rho r^2}{6\varepsilon_0}\ [\text{J/C}]$$

9・3 ベシクルの中心を原点，原点からの距離を r とする．ガウスの法則(9・7式)から，脂質二重層の内側 $0 \leq r \leq (a-d)$ と外側 $r \geq a$ の電場は 0．よって $r \to \infty$ における電位 $V(r)$ を 0 とすれば，ベシクルの表面($r=a$)の電位も $V(a)=0$．次に $(a-d) < r < a$ での電場の大きさ $E(r)$ をガウスの法則に従って計算すると

$$\iint_r E(r)\,dS = E(r)\cdot 4\pi r^2 = \frac{Q}{\varepsilon_b}$$
$$E(r) = \frac{Q}{4\pi\varepsilon_b r^2}$$

これを電位の定義(9・11式)に適用し

$$V(r) = V(a) - \int_a^r E(r)\,dr = 0 - \int_a^r \frac{Q}{4\pi\varepsilon_b r^2}\,dr$$
$$= -\left[-\frac{Q}{4\pi\varepsilon_b r}\right]_a^r = \frac{Q}{4\pi\varepsilon_b}\left(\frac{1}{r}-\frac{1}{a}\right)$$

すなわち脂質二重層の内側と外側の電位差 ΔV は

$$\Delta V = V(a-d) - V(a)$$
$$= \frac{Q}{4\pi\varepsilon_b}\left(\frac{1}{a-d} - \frac{1}{a}\right) - 0$$
$$= \frac{Q}{4\pi\varepsilon_b}\frac{d}{a(a-d)}$$

よって，ベシクルの比膜容量 C_m は

$$C_m = \frac{C}{4\pi a^2} = \frac{1}{4\pi a^2}\frac{Q}{\Delta V} = \varepsilon_b\frac{a-d}{ad}$$
$$= \varepsilon_b\left(\frac{1}{d} - \frac{1}{a}\right)$$

第 10 章

復習10・1 電力〔W〕を電力量〔kWh〕に書き直すには，3600秒をかけて1000で割ればよい．したがって，$(40-7)\times 3600 \div 1000 = 118.8$ kWh．

復習10・2 図10・6と同じように電流 I_1, I_2, I_3 を定義すると，キルヒホッフの第一法則より

$$I_1 - I_2 - I_3 = 0$$

またキルヒホッフの第二法則より
$$2V - RI_1 - RI_3 + V = 0$$
$$V + RI_2 - RI_3 + V = 0$$

三つの連立方程式を解くと，$I_2 = -V/(3R)$．よって，電流 I_2 の大きさは $V/(3R)$ で，図10・6の矢印と反対方向に流れる．

10・1 $I = en\bar{v}S$（10・3式）より．電子の平均の速さ $\bar{v}$ は

$$\bar{v} = \frac{I}{enS}$$
$$= \frac{1}{1.6\times 10^{-19}\times 5.8\times 10^{28}\times 3.14\times (2\times 10^{-3})^2}$$
$$= 0.008579\cdots \times 10^{-3} \approx 8.6\times 10^{-6}\ \mathrm{m/s}$$

10・2 1) 解答例: キルヒホッフの第一法則より
$$I_1 - I_2 + I_3 = 0$$
またキルヒホッフの第二法則より，左右の回路についてそれぞれ反時計回りに式をたてると

$$2 - RI_1 + 20I_3 - 10I_1 = 0$$
$$9 - 40I_2 - 20I_3 - 60I_2 = 0$$

2) 1)の3式に $R=20$ を代入し計算すると
$$I_1 = \frac{3}{40}\ \mathrm{A}, \quad I_2 = \frac{7}{80}\ \mathrm{A}, \quad I_3 = \frac{1}{80}\ \mathrm{A}$$

3) 電流 I_3 の大きさが0になればよいので，1)の3式に $I_3=0$ を代入して R を算出すると，$R = \frac{110}{9}\ \Omega$．

10・3 1) 図10・9の回路と異なり，直流電源がついていないので，次式のようになる．

$$\frac{dQ(t)}{dt} + \frac{Q(t)}{RC} = 0$$

2) 1)の解である同次線形微分方程式を，右辺は変数 t に関する式，左辺は Q に関する式に変形すると

$$\frac{1}{Q}dQ = -\frac{1}{RC}dt$$

となり，それぞれを独立に積分できる．この変形を**変数分離**という．

$$\int \frac{1}{Q}dQ = -\int \frac{1}{RC}dt$$

不定積分を実行すると，$\ln Q = -\frac{1}{RC}t + K$（$K$ は積分定数），ゆえに $Q(t) = Ae^{-t/(RC)}$ となる（A は積分定数）．ここで $t=0$ においてコンデンサーに蓄えられている電荷 $Q(0)$ は $Q(0) = CV_0$ であるので，この条件を満たすように積分定数 A を定めると

$$Q(t) = CV_0 e^{-\frac{t}{RC}}$$

3) コンデンサーに蓄えられたエネルギーはすべて熱に変わるので，$\frac{1}{2}CV_0^2$．

第 11 章

復習11・1 (11・8)式より磁場の強さを H〔A/m〕とすると

$$H = \frac{I}{2\pi r} = \frac{1.57}{2\times 3.14\times 0.2} = 1.25\ \mathrm{A/m}$$

復習11・2 図のように無限に長い導線に電流 I が紙面上向きに流れている．この導線

の位置を示す座標を s とするとき, $s=0$ の点 O から導線に対して垂直方向に距離 a の位置にある点 Q における磁場の強さ H を求める. 点 P$(s=s)$ を流れる電流素片 Ids が点 Q につくる磁場 dH は, 電流の流れる方向とベクトル $\overrightarrow{PQ}$ のなす角を θ, $|\overrightarrow{PQ}|=r$ とすれば, ビオ・サバールの法則 (11・12式) より

$$dH = \frac{I\sin\theta}{4\pi r^2}ds, \quad \text{よって}$$

$$\begin{aligned}H &= \int dH \\ &= \int_{-\infty}^{\infty} \frac{I\sin\theta}{4\pi r^2}ds = \int_{-\infty}^{\infty} \frac{Ia}{4\pi r^3}ds \\ &= \int_{-\infty}^{\infty} \frac{Ia}{4\pi(s^2+a^2)^{\frac{3}{2}}}ds \\ &= \frac{I}{4\pi a}\left[\frac{s}{(s^2+a^2)^{\frac{1}{2}}}\right]_{-\infty}^{\infty} = \frac{I}{2\pi a}\end{aligned}$$

となり, (11・8)式を導出できた.

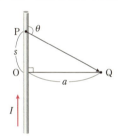

11・1 1) 棒磁石をつくる磁気双極子は常に周囲の熱による揺らぎの力を受けて磁化は弱くなり, 棒磁石の残留磁化も小さくなる.
2) 2 本の棒磁石がつくる磁力線が互いに磁化を強めるように, 2 本の棒磁石を互いに反対方向に向けて箱に収納すればよい.
3) 水分子は反磁性をもち, かつ常温では激しく運動しているので, 棒磁石を構成する磁気双極子に強い揺動力を与えてしまう. その結果, 棒磁石の残留磁化は徐々に小さくなる.

11・2 1) 復習 11・2 の解答より

$$H = \frac{I}{2\pi a}$$

2) (11・13)式およびフレミングの左手の法則より, $F=\mu_0 HIL=\mu_0 I^2L/(2\pi a)$ の大きさの力で, 2 本の導線は引き合う.
3) フレミングの左手の法則から, 2 本の導線はしりぞけ合う.

11・3 1) 導体棒が磁束密度 $\boldsymbol{B}$ の方向に対して垂直に速さ v で移動すると, 導体棒中の電子は evB の大きさのローレンツ力を受けて移動し, 電流を生じる ($B=|\boldsymbol{B}|$). この電流の発生によって導体棒には電子の移動方向と逆方向の大きさ E の電場が生じるため, 電子は電場から eE の静電気力をローレンツ力とは逆方向に受ける. その結果, ローレンツ力と静電気力がつり合い, $evB=eE$ の関係が成り立つ. よって導体棒の端から端までの電位差 V は, $V=EL=vBL$ となり, (11・22)式と一致する.
2) 導体棒は動かないので, $v=0$ であり, ローレンツ力の式から直接, 誘導電流を説明することはできない. §11・3・3 にあるように, 磁場の変化によって誘導電場が生じ, それが誘導電流をつくると考えた方が簡潔である.

第 12 章

12・1 油滴の電荷は電気素量 e の整数倍なので, 4 個の油滴の電荷はそれぞれ $1.6=1.6\times 1$, $4.8=1.6\times 3$, $11.2=1.6\times 7$, $20.8=1.6\times 13$ ($\times 10^{-19}$ C). よって, $e=1.6\times 10^{-19}$ C と推測できる.

12・2 (12・2)式より

$$p = \frac{E}{c} = \frac{h\nu}{c} = \frac{6.6\times 10^{-34}\times 5.0\times 10^{14}}{3.00\times 10^8}$$
$$= 1.1\times 10^{-27} \text{ kg·m/s}$$

12・3 (12・5)式より

$$\lambda = \frac{h}{mv} = \frac{6.6\times 10^{-34}}{0.15\times 160\times 10^3/3600}$$
$$= 9.9\times 10^{-35} \text{ m}$$

写真・イラスト提供

p.1	星　空	江奈武一郎
p.1	夕日の男性	@dreamnikon/123RF.com
p.1	筋疾患関連タンパク質 FHL1	川井俊祐（東京薬科大学生命物理科学研究室）
p.6, 8	ウサギとカメ	山岸春奈
p.16	クモの巣	江奈武一郎
p.18	カブトムシ	江奈武一郎
p.25	飛行機雲	江奈武一郎
p.44	ウサギ	山岸春奈
p.52	ハムスター	@tempusfugit/123RF.com
p.60	コーヒーカップ	ふくとみあやこ
p.68	アメンボ	江奈武一郎
p.68, 69	池に飛び込むカエル	山岸春奈
p.98	ウサギ	山岸春奈
p.131	コハク	標本提供：利光誠一，撮影：石飛昌光
p.198	樹状突起	渡部重夫（浜松ホトニクス）
p.205	細胞内の酵素活性を利用して蛍光分子を光らせ，がん細胞を見えるようにする	藤川雄太

索　　引

あ〜う

アインシュタインの光量子説　185
圧　力　30
　　液体の——　31
　　面積と——　30
アナロジー　138, 166
アボガドロ定数　115
RC 回路　158, 161
アンペア(A)　147
アンペールの法則　171

イオンチャネル　160
位　相　65, 70
位置エネルギー　41
　　静電気力による——　138
一次エネルギー　107
一重項状態　197
位置ベクトル　4
一様な電場　137
1 階線形常微分方程式　159
陰極線　182
引　力　132

ウェーバ(Wb)　164
渦電流　178
運　動　1
運動エネルギー　39
　　——と仕事の関係　42
　　単原子分子の——　119
　　二原子分子の——　119
運動説　121
運動の法則　13
運動方程式　14, 21, 42

え, お

運動量　43, 203
運動量保存則　46, 187

永久磁石　168
液晶ディスプレイ　91
液　体　102
　　——の圧力　31
エクオリン　205
SI 基本単位　13
SLD 法 → ソフトレーザー
　　　　　　　脱離法
S 極　163
X 線　186
X 線結晶構造解析　189
N 極　163
エネルギー資源　107
エネルギー保存則　106, 187, 191
MALDI-TOFMS 法　202
MALDI 法 → マトリックス
　　支援レーザー脱離イオン化法
LED　109
円運動　52
遠心力　60
鉛　直　21
鉛直方向
　　——の速度　23
　　——の変位　24
円筒波　74
円偏光　90

凹レンズ　98
音　88
オーム(Ω)　148
オームの法則　148

か

温　度　100
温度係数
　　抵抗率の——　148

外　積　48
回　折　74
回折格子　93
回　転　119
界　面　78, 79
ガウスの法則　135, 179
化学エネルギー　106
架　橋　199
角運動量　49
核エネルギー　106
角振動数　65, 72, 76
角速度　54
角速度ベクトル　55
重ね合わせの原理　75, 76
可視光　89
化石燃料　107
加速度　7, 21
　　瞬間の——　8
　　平均の——　8
加速度運動　58
傾　き　7
荷電粒子　146
可変抵抗　161
カラム　199
火力発電　107
カルノーサイクル　128
干　渉　88, 93
干渉縞　94
環状電流　169
慣　性　13
慣性系　59, 60

222　索　引

慣性の法則　13, 23, 58
慣性力　58

き

気　圧　31
軌　跡　25, 27, 138
気　体　102
気体定数　115
気体分子　111
気体放電　182
基底状態　196
起電力　151
軌　道　193
基本ベクトル　3
逆ベクトル　4
球面波　74
球面レンズ　97
強磁性体　167
曲　線　7
巨視的な量　113
虚　像　98
許容遷移　195
キルヒホッフの第一法則　153
キルヒホッフの第二法則　153
キルヒホッフの法則　153
キロワット時(kWh)　150
禁制遷移　195
近接力　134
金　属　140

く, け

空気抵抗　29
屈　折　78, 79, 81, 88
屈折角　79
屈折の法則　82
屈折波　79
屈折率　82, 92
クーロン(C)　131
クーロンの法則　132
クーロン力　132

蛍　光　196, 205
蛍光灯　109
結晶体　188
ゲル　199
ケルビン(K)　101

ゲル沪過クロマトグラフィー　198
限界振動数　186
原　子　132, 147
　──の構造　132, 190
原子核　132
原子軌道　191, 192
原子模型
　Rutherford の──　190
原子力　107

こ

コイル　105, 176
光　子　185
光　軸　97, 98
向心力　56
構成原理　194
合成抵抗　151, 152
合成波　75
合成容量　157
構造色　96
光電効果　185
光電子　185
高分子　199
合　力　10
光　路　92
光路長　93
黒　体　184
黒体放射　184
固　体　102
固定端反射　95
弧度法　52
孤立系　100, 107
コンデンサー　142, 144, 154
　平行板──　155
コンプトン効果　187
根平均二乗速さ　112, 119

さ

サイクル　127
サイクロトロン運動　175
細　胞　144
座　標　2
座標軸　1, 21
作用点　10

作用・反作用の法則　12, 203
三角関数　3, 63
三角比　3
残留磁化　168

し

GFP → 緑色蛍光タンパク質
磁　化　167, 168
磁　荷　164
磁　界　165
磁化ベクトル　168
磁化率　168
磁　気　163
磁気双極子　164, 166
磁気に関するクーロンの法則　164
磁気モーメント　165
磁　極　163
磁気量　164
磁気量子数　192
磁気力　164
仕　事　35, 103, 155
仕事関数　186
仕事率　38
脂質二重層　144, 160
脂質膜　144
磁　性　163
磁性体　167
磁　束　176
磁束線　176
磁束密度　173, 178
実　像　98
質　点　4
質量電荷比 → 比電荷
質量分析　200
時定数　159
磁鉄鉱　163
磁　場　163, 165
　──と電流　168
磁場におけるガウスの法則　176
遮　蔽　193
シャルルの法則　114
周回積分　173
周　期　53, 65, 70
終端速度　30
自由端反射　95

索　引

自由電子　140, 146, 147
自由度　119
　スピンの——　196
周波数　70
自由落下　137
重　力　14, 20
重力加速度　14
主量子数　192
ジュール（J）　101, 149
ジュール熱　105, 149
ジュールの実験　104
ジュールの法則　105, 150
シュレーディンガー方程式
　　　　　　　　　　191
瞬間の加速度　8
瞬間の速度　6
準静的可逆過程　127
準静的過程　122
蒸気タービン　107
小軌道　193
常磁性体　167
状態変化
　気体の——　122, 123
焦　点　97
焦点距離　97
蒸発熱　102
消費電力　149
初速度　21
磁　力　164
磁力線　165
真空の透磁率　164
真空の誘電率　132
真空放電　182
神経細胞　144
神経伝達　159
真電荷　141
振　動　61, 119
振動数　65, 70
振　幅　65, 70, 76

す〜そ

水　銀　31
水素型原子　191
垂　直　21
垂直抗力　16
水平到達距離　27
　投射角と——　27

水平方向
　——の速度　22
　——の変位　22
水力発電　108
数密度　112
スカラー　3, 5
スピーカー　170
スピン量子数　193

正　極　140, 146
正弦波　70
静止膜電位　144, 161
静止摩擦係数　17
生体高分子　200, 202
静電エネルギー　156
正電荷　131, 133
静電気力　132
　——による位置エネルギー
　　　　　　　　　　138
静電誘導　141
生物物理学　204
成分表示　2
生命科学　198
積　分　26
斥　力　132
絶縁体　141
絶縁破壊　156
絶対温度　101
絶対零度　101
接頭語
　単位の——　15
遷　移　195
選択律　195
全電荷　132
潜　熱　102
全反射　212
線膨張率　103
線　毛　204

相対性原理　178
速　度　6, 7
　鉛直方向の——　23
　瞬間の——　6
　水平方向の——　22
　平均の——　6
速度の2乗の平均　117
素元波　75
ソフトレーザー脱離法　201
疎密波　85
ソレノイド　170

た

大気圧　31
　——を測定する実験　31
体積膨張率　103
帯　電　131
耐電圧　156
太陽光発電　108
太陽熱　108
縦　波　85
多電子原子　193
単位電荷　138
単位ベクトル　3, 59
単原子分子　119
単原子理想気体　120
端子電圧　146
単振動　61, 65
　——の運動方程式　64
断熱圧縮　125
断熱自由膨張　125
断熱変化　124
断熱膨張　125
タンパク質
　——の立体構造　200

ち

力　9
　——の合成　10
　——の作用線　10
　——の3要素　10
　——の成分　11
　——のつり合い　12
　——の分解　10
　——の向き　10
　——のモーメント　47, 166
地熱発電　108
中性子　132
超解像蛍光顕微鏡　206
潮汐力発電　108
張　力　16, 59
調和振動　65
直　線　7
直線運動　57
直線電流　168

索引

直線偏光　89
直流回路　151, 154
直流電源　151
直列接続　152, 157

て

定圧変化　123
定圧モル比熱　125
抵　抗　148
抵抗率　148
定在波　77
定常電流　147
定常波　77
定　数　29
定積変化　122, 123
定積モル比熱　125
テスラ(T)　173
電　圧　147
電圧降下　151
電　位　138
電位降下　151
電位差　138
電　荷　131, 138, 155
電　界　133
電荷の保存則　132
電気エネルギー　149
電気回路　151
電気感受率　141
電気素量　132, 183
電気抵抗　148
電気分極　141
電気容量　142
電気量　131
電気力線　133, 134, 142
電気力線の密度　135
電　子　132, 181
　――の質量　183
電子殻　192
電子軌道　191
電子線　190
電磁波　88
　――の発生　179
電磁場　179
電子配置　193
電子ボルト(eV)　186
電磁誘導　176
電　池　140, 151

点電荷　135
電　場　133, 178
電場の重ね合わせの原理　134
電　流　140, 146, 163
　――の大きさ　147
　磁場と――　168
電流素片　171
電流要素　171
電　力　149
電力量　149

と

等温変化　123, 124
等価回路　160
透過型回折格子　93
動径ベクトル　4
同次線形微分方程式　159
投射角　21
　――と水平到達距離　27
投射物　20
透磁率　164
導　線　140, 147
等速円運動　53, 61
導　体　140
等電位　139
等電位面　139
動摩擦係数　17
閉じた系　100
度数法　52
凸レンズ　97
ド・ブロイ波　190
ド・ブロイ波長　190
ドルトンの法則　116

な 行

内　積　37
内部エネルギー　118
　二原子分子の――　120
　理想気体の――　120
内部抵抗　151
波　68, 69
波の独立性　75

2階微分　7

二原子分子　120
二次エネルギー　107
入射角　79
入射波　79
ニュートンの運動の3法則　14
ニューロン　144

ねじれ波　86
熱　101, 103
熱機関　109, 127
熱効率　130
熱素説　121
熱の仕事当量　104
熱膨張　103
熱容量　102
熱力学第一法則　122, 125
熱　量　101
熱量の保存　101

は

場　133
バイオイメージング　205
媒　質　68, 69, 78
パウリの排他原理　193
白熱電球　109
薄　膜　95
波　源　68
波　数　72, 76
パスカル(Pa)　30
パスカルの原理　31
波　長　70
波長分散　92
波動関数　191
波動性　184
波動方程式　191
ばね定数　66
ばね振り子　66
波　面　74
速　さ　5, 70
腹　77
反磁性体　167
反　射　78, 79
反射角　79
反射型回折格子　94
反射の法則　80
反射波　79
反電場　141
半導体　148

索　引

反発係数　46
万有引力　14

ひ

ビオ・サバールの法則　171
光　88, 179
光エネルギー　106
光ピンセット　202
非慣性系　59, 60
飛行時間型質量分析法　202
微視的な量　113, 116
左手系　2
比電荷　182
比電気感受率　141
ヒートポンプ　109
比　熱　102
比熱比　126
微　分　6, 7
非保存力　40
比膜容量　144
比誘電率　143
標準気圧　101
標準状態　111
開いた系　100
比例定数　29

ふ

ファラデーの電磁誘導の法則
　　　　　　　177, 179
ファラド(F)　142
風力発電　108
負　荷　149
不可逆過程　127
負　極　140, 146
節　77
物質定数　82, 92
物質の三態　102
物質波　190
沸　点　102
負電荷　131, 133
不導体　141, 156
ブラッグの条件　189
プランク定数　185
プランクの放射式　184
プランクの量子仮説　185

浮　力　32
フレミングの左手の法則　172
分　圧　115
分　極　141
分極電荷　141
分光法　195
フントの規則　194

へ，ほ

平均の運動エネルギー　118
平均の加速度　8
平均の速度　6
平均の速さ　112
平行板コンデンサー　142
並　進　119
平面波　74
並列接続　152, 157
べき乗　15
ベクトル　2, 5
　――の外積　48
　――の差　4
　――の内積　37
　――の微分　9
　――の和　4
ベクトル積　48
ベシクル　145
変　位　6
　鉛直方向の――　24
　水平方向の――　22
偏　光　89
偏光フィルム　89, 91
変数分離　216
べん毛　204

ポアソンの法則　127
ボーア半径　191
ホイヘンスの原理　73, 74
ボイル・シャルルの法則　114
ボイルの法則　113, 124
方位量子数　192
棒磁石　166
法線ベクトル　135
放　電　156, 182
放電管　182
保存力　40, 138
ポテンシャルエネルギー　41
ボルツマン定数　112, 118

ま　行

マイヤーの関係式　126
マクスウェルの方程式　179
マクスウェル-ボルツマン分布
　　　　　　　　　　112
膜電位　144, 159
マクロな量　113
摩擦電気　132
摩擦力　17
マトリックス　201
マトリックス支援レーザー脱離
　　イオン化法(MALDI法)
　　　　　　　　　　201
MALDI-TOFMS法　202

ミオグロビン　200
右手系　2
右ねじの法則　168
ミクロな量　113
ミリカンの油滴実験　183

無次元量　17

面間隔　188
面積素　136
面積分　136
　スカラー場の――　136

モノポール　164
モーメント　47, 166, 204
モル　115
モル比熱　125
モル分率　115

や　行

ヤブロンスキー図　196

融解熱　102
融点　102
誘電体　141
誘電分極　141
誘電率　132, 143
誘導起電力　176
誘導磁場　179

索　引

誘導電場　178
誘導電流　177

陽イオン　147
陽　子　132
横　波　85, 179

ら　行

ラジアン(rad)　53
落下運動　29

力学的エネルギー　41
力学的エネルギー保存則　41
力　積　45, 116
理想気体　115
粒子性　184
流　体　86
緑色蛍光タンパク質(GFP)
　　　　　　　　　205
淋　菌　204
りん光　196, 205

ループ電流　169
ルミネセンス　196

励起状態　196
レーザー　201
レーザー光　202
レンズ　97
レンズの法則　177, 178

ローレンツ力　174

わ

ワット(W)　149
ワット時(Wh)　149

講義動画ダウンロードの手順・注意事項

［ダウンロードの手順］
 1) パソコンで東京化学同人のホームページにアクセスし，書名検索などにより"基礎講義 物理学"の画面を表示させる．
 2) 画面最後尾の 講義動画ダウンロード をクリックすると下の画面（Windows での一例）が表示されるので，ユーザー名およびパスワードを入力する．（本書購入者本人以外は使用できません．図書館での利用は館内での閲覧に限ります．）

ユーザー名： **PHYSICSvideo**
パスワード： **mimit5**

［保存］を選択すると，
ダウンロードが始まる．

ユーザー名・パスワード入力画面の例

※ ファイルは ZIP 形式で圧縮されています．解凍ソフトで解凍のうえ，ご利用ください．

［必要な動作環境］
　データのダウンロードおよび再生には，下記の動作環境が必要です．この動作環境を満たしていないパソコンでは正常にダウンロードおよび再生ができない場合がありますので，ご了承ください．

 OS： Microsoft Windows 7/8/8.1/10，Mac OS X 10.10/10.11/10.12/10.13/10.14
　　　（日本語版サービスパックなどは最新版）
 推奨ブラウザ： Microsoft Edge，Microsoft Internet Explorer，Safari など
 コンテンツ再生： Microsoft Windows Media Player 12，Quick Time Player 7 など

［データ利用上の注意］
・本データのダウンロードおよび再生に起因して使用者に直接または間接的障害が生じても株式会社東京化学同人はいかなる責任も負わず，一切の賠償などは行わないものとします．
・本データの全権利は権利者が保有しています．本データのいかなる部分についても，フォトコピー，データバンクへの取込みを含む一切の電子的，機械的複製および配布，送信を，書面による許可なしに行うことはできません．許可を求める場合は，東京化学同人（東京都文京区千石 3-36-7，info@tkd-pbl.com）にご連絡ください．

監修 井上 英史（いのうえ ひでし）
1981年 東京大学薬学部 卒
1986年 東京大学大学院薬学系研究科博士課程 修了
現 東京薬科大学生命科学部 教授
専門 生化学，分子生物学
薬学博士

執筆 石飛 昌光（いしとび まさみつ）
1985年 岡山大学理学部 卒
1993年 金沢大学大学院自然科学研究科
　　　　　　　　　　　　博士課程 修了
現 住友化学株式会社先端材料開発研究所
　　　　　　　　　　　　主席研究員
　東京薬科大学生命科学部 非常勤講師
専門 計算科学
博士（理学）

高須 昌子（たかす まさこ）
1983年 東京大学理学部 卒
1988年 東京大学大学院理学系研究科
　　　　　　　　　　　博士課程 修了
現 東京薬科大学生命科学部 教授
専門 ソフトマター・生体分子の
　　　　　　　　　　　シミュレーション
理学博士

宮川 毅（みやかわ たけし）
1990年 慶應義塾大学理工学部 卒
2012年 金沢大学大学院自然科学研究科
　　　　　　　　　　　博士課程 修了
現 東京薬科大学生命科学部 助教
専門 理論物理学
博士（理学）

森河 良太（もりかわ りょうた）
1990年 慶應義塾大学理工学部 卒
1994年 慶應義塾大学大学院
　　　　理工学研究科博士課程 中退
現 東京薬科大学生命科学部 講師
専門 理論生物物理学，情報科学
博士（理学）

第1版 第1刷 2019年12月13日 発行

基礎講義 物理学
—アクティブラーニングにも対応—

監修者　井　上　英　史
ⓒ 2019　発行者　小　澤　美　奈　子
　　　　発　行　株式会社　東京化学同人
　　　　東京都文京区千石3丁目36-7（〒112-0011）
　　　　電話 03-3946-5311・FAX 03-3946-5317
　　　　URL：http://www.tkd-pbl.com/

印刷 中央印刷株式会社・製本 株式会社 松岳社

ISBN978-4-8079-0971-1 Printed in Japan

無断転載および複製物（コピー，電子データ
など）の無断配布，配信を禁じます．
講義動画のダウンロードは購入者本人に限り，
図書館での利用は館内での閲覧に限ります．

物理量と単位

物理量	単位記号	読み方	単位間の関係
▶ **力 学**			
距離, 長さ	m	メートル	(SI 基本単位)
時 間	s	秒	(SI 基本単位)
速 度	m/s	メートル毎秒	
加速度	m/s^2	メートル毎秒毎秒	
質 量	kg	キログラム	(SI 基本単位)
力	N	ニュートン	$1\,N = 1\,kg\cdot m/s^2$
圧 力	Pa	パスカル	$1\,Pa = 1\,N/m^2$
仕事, エネルギー	J	ジュール	$1\,J = 1\,N\cdot m$
運動量	kg·m/s	キログラムメートル毎秒	
力 積	N·s	ニュートン秒	
力のモーメント	N·m	ニュートンメートル	
▶ **振動と波動**			
角度, 位相	rad	ラジアン	(無次元単位)
周 期	s	秒	(SI 基本単位)
角速度, 角振動数	rad/s	ラジアン毎秒	$1\,[rad/s] = 1\,[1/s]$
振 幅	m	メートル	(SI 基本単位)
振動数	Hz	ヘルツ	$1\,[Hz] = 1\,[1/s]$
波 長	m	メートル	(SI 基本単位)
波 数	1/m	毎メートル	
屈折率			(無次元単位)
▶ **熱 力 学**			
気 圧	atm	アトム	$1\,atm = 1.01325 \times 10^5\,Pa$
絶対温度(T)	K	ケルビン	(SI 基本単位)
セルシウス温度(t)	°C	摂氏~度	$t\,°C = T\,K - 273.15$
熱容量	J/K	ジュール毎ケルビン	
比 熱	J/(K·g)		$1\,J/(K\cdot g) = 1 \times 10^3\,m^2/(s^2\cdot K)$
体積(線)膨張率	1/K		
熱の仕事当量	J/cal		$1\,cal = 4.184\,J\,(熱化学カロリー)$
モ ル	mol	モ ル	(SI 基本単位)
モル比熱	J/(mol·K)